一五〇〇년대 한국전통음식

수운잡방

수운잡방

1500년대 한국전통음식

백산출판사

오백년 전 우리 음식의 역사와 원형을 후세에 전해준

'수운잡방(需雲雜方)'의 원저자 탁청정 김수(濯淸亭 金綏)선생,

손끝에서 손끝으로 정성껏 우리 음식의 맥을 이어 온

우리네 어머니와 할머니, 그리고 우리 음식에 애착을 갖고 공부하는

이 땅의 모든 딸과 아들에게 이 책을 바칩니다.

◀▲◀ ◆ 책을 펴내며

조선시대 最古의 고조리서
'수운잡방(需雲雜方)'을 재현하며...

우리 전통음식의 원형을 살필 수 있는 고조리서를 재현하겠다고 생각한 것은 꽤 오래전부터였습니다. 우리 조상들이 쌓아 온 오랜 경험과 지혜의 산물인 전통음식을 올바르게 계승하고 발전시켜 나가기 위해서는 옛 문헌을 연구하고 재현하는 일이 꼭 필요하다는 생각 때문이었습니다.

이에 1400년대 『식료찬요』부터 시작하여 1500년대 『수운잡방』, 1600년대 『도문대작』과 『요록』, 1700년대 『증보산림경제』, 1800년대 『규합총서』, 1900년대 『조선요리제법』까지 600년간의 고조리서를 재현하여 책으로 엮어냈습니다. 옛 문헌만을 바탕으로 전통음식을 오늘에 재현하는 일은 언제나 힘들고 어려운 일이지만 우리 음식의 정체성을 찾아 나가는 기쁨이 있어 행복한 작업이었습니다.

이번에 출간되는 1500년대의 조리서인 수운잡방 개정판에는 총 121개의 우리 음식과 식재료의 손질법이 들어있습니다. 이는 한국전통음식 기능보유자 교육을 계속하면서 반복적인 실험조리를 통하여 2006년에 낸 초판을 다듬어 더 좋은 조리방법으로 정리한 것입니다.

고조리서는 단순히 옛날부터 전해 내려온 음식들을 공부하기 위한 사람에게만 필요한 것이 아닙니다. 수운잡방은 현대에 유행하는 조리법처럼 기름에 튀기거나 지지는 대신, 대부분 찌거나 삶아서 재료 본연의 맛을 느낄 수 있게 합니다. 이러한 조리법은 건강에 관심이 많아진 현대인들에게 도움이 될 것입니다.
이번에 새로이 출간되는 수운잡방이 현대인들의 식생활에 도움 되는 조리서로서 우리 후손들에게 계승되고 현대인들에게 더 많이 활용되기를 바랍니다.

끝으로 이 책을 출간해 주신 백산출판사 진욱상 회장님께 감사드리며, 늘 곁에서 함께 해주시는 사랑하는 한국전통음식연구소 이명숙 원장님과 여러 제자에게도 감사의 마음을 전합니다.

2019년 11월
(사)한국전통음식연구소 윤숙자

오백년 전 우리 음식의 역사가 녹아 있는
현존하는 조선시대 最古의 고조리서

수운잡방(需雲雜方)

탁청정 김수(濯淸亭 金綏, 1481-1552)가 쓴 '수운잡방(需雲雜方)'은 우리나라에서 현재까지 발견된 가장 오래된 조리서로서, 고려 말에서 조선 전기에 걸친 우리 음식의 조리법과 500년 전 안동 사림계층의 식생활을 엿볼 수 있는 귀중한 자료로 평가받고 있다. 남녀의 역할이 엄격히 구별되었던 조선시대 사대부가의 남자가 쓴 조리서로서 더욱 흥미를 끄는 이 책은 상, 하 두 권에 걸쳐 백여 가지가 넘는 음식을 소개하며 재료 선택부터 만드는 방법, 효능까지도 꼼꼼하게 서술하고 있다.

이 책 제목에서 '수운(需雲)'은 격조를 지닌 음식문화를 뜻한다. 또한 '잡방(雜方)'이란 갖가지 방법을 뜻한다. 그러니까 수운잡방(需雲雜方)이란 풍류를 아는 사람들에게 걸맞은 격조 높은 요리 만드는 방법을 가리키는 것이다.

이것은 수운잡방이 실무 지침서로서뿐만 아니라 문화사적 안목에서 작성된 것임을 말해 준다. 수운잡방이 단순한 주방용 지침서로 작성된 것이 아님은 그 항목에 과일 저장법, 작물재배법이 포함된 점으로도 알 수 있다. 수운잡방은 우리나라에 고추가 들어오기 전에 쓰인 책으로 고춧가루를 넣지 않은 김치의 원형을 살펴볼 수 있는 문헌이다. 또한 식초를 만드는 법도 적지 않게 나온다. 이것은 김치의 경우와 함께 수운잡방이 밑반찬, 또는 기초식품 만들기에 기울인 관심이 매우 높았음을 뜻한다.

본문은 필체가 다른 두 부분으로 구분할 수 있는데, 전반부는 삼해주(三亥酒)부터 수장법(水醬法)까지 86항목이 들어 있고 후반부는 삼오주(三午酒)부터 다식법(茶食法)까지 35가지의 음식조리법이 적혀 있어 총 121항목에 달한다. 전체를 내용별로 나누어보면 술 빚는 방법이 60항목으로 책의 절반을 차지할 정도로 가장 많고 장류 10여 항목, 김치 15항목, 식초류 6항목, 채소저장하기 2항목 등 식품가공법과 이외에도 조과 만들기, 타락, 엿 만들기 등이 15항목에 이른다.

지은이 : 탁청정 김수(濯淸亭 金綏, 1481-1552)

호는 탁청정(濯淸亭)으로 일찍이 생원시에 합격하였고, 활쏘기에도 능해서 무과에도 응시했으나 뜻을 이루지 못하였다. 형이 관직에 나가자 형 대신 부모님을 극진히 모신 효자였다고 전한다. 넉넉한 살림에 성품이 온화한 그는 늘 사람과 어울리기를 좋아했다. 그래서 그가 지은 탁청정(중요민속자료 제226호, 경상북도 안동시 와룡면 오천리 소재, 규모는 정면 7칸, 측면 2칸으로 팔각지붕을 하고 있다. 탁청정(濯淸亭)이라는 현판은 당대의 명필 한석봉이 쓴 것으로 전해진다)에는 항상 손님이 끊이질 않았고, 아무리 미천하고 행색이 초라한 선비라도 한결같이 반갑게 맞이하여 따뜻이 대접하였다고 한다. '수운잡방'에 많은 종류의 술과 안주, 반찬과 조리법이 적혀있는 까닭도 이러한 정황과 관련성이 있으리라 여겨진다.

(사)한국전통음식연구소 대표 / 이학박사 **윤 숙 자**

배화여자대학교 전통조리학과 교수 역임
전국조리학과 교수협의회 회장 역임
숙명여자대학교 식품영양학과(석사)
단국대학교 식품영양학과(박사)
조리기능장 심사위원
대한민국 전통식품명인 심사위원
대한민국 명장(조리부문) 심사위원
'88 서울 올림픽 급식전문위원
'97 무주, 전주 동계유니버시아드대회 급식전문위원
'98 경주 한국의 전통주와 떡 축제 추진위원
2000 ASEM 식음료 공급 자문위원회 위원
2005 APEC KOREA 정상회의 기념 궁중음식 특별전 개최
2007 UN본부 한국음식 축제
2007 남북 정상회담 만찬음식 총괄자문
2015 밀라노 엑스포 한식테마행사
2016 한식재단 이사장
2018 평창동계올림픽 식음료 전문위원
2019 한아세안 특별정상회의 자문위원
2019 민주평화 통일자문회의 상임위원

주요저서
『한국전통음식(우리맛)』,『한국의 저장발효음식』,『전통건강음료』,『Korean Traditional Desserts』,
『한국의 떡·한과·음청류』,『우리의 부엌살림』,『한국의 시절음식』,『떡이 있는 풍경』,『식료찬요』
외 고조리서 6권,『장인들의 장맛, 손맛』,『한국인의 일생의례와 의례음식』외 다수

차 례

제2부 수운잡방 – 전통주

부록

📖 이 책을 읽기 전에

1. 이 책은 김수(金綏)의 원저, 『수운잡방(需雲雜方)』에서 현대에 재현이 가능한 음식을 중심으로 실었다.

2. 재료 및 분량에서 일부는 현재 실연 가능한 분량으로 재현하였다.

3. 이 책은 전통음식 48가지, 전통주 42가지로 구성되었으며 사진과 함께 재료, 만드는 법을
   현대어로 실었으며 원문도 덧붙였다.

4. 소개되는 음식마다 윤숙자 교수가 소장하고 있는 옛 부엌살림살이와 조리기구 등
   전통음식과 관련된 도구들을 수록하였다.

5. 이 책에 나오는 계량 단위와 재료의 양은 아래를 기준으로 하였다.

· 1컵(cup) = 200㎖ = 약 13큰술(Table spoon)
· 1큰술(Table spoon) = 15㎖ = 3작은술(tea spoon)
· 1작은술(tea spoon) = 5㎖

· 1종지 = 약 100㎖ 정도
· 1복자 = 약 500㎖ 정도
· 1주발 = 약 600㎖ 정도
· 1동이 = 약 18ℓ 정도

· 1돈(錢) = 3.75g
· 1냥(兩) = 10돈 = 37.5g
· 1근(斤) = 600g

· 1푼 = 0.3cm
· 1치(寸) = 10푼 = 3.03cm
· 1자(尺) = 10치 = 30.303cm

· 1작(勺) = ¹/₁₀홉 = 18㎖
· 1홉(合) = 180㎖
· 5홉 = 小升 1되
· 10홉 = 大升 1되
· 1되(升) = 10홉 = 1.8ℓ
· 1말(斗) = 10되 = 18ℓ

---

* 일제강점기 초기에 미터법이 한국에 도입되자 환산을 편리하게 하기 위해 1되를 2ℓ로 하는 신(新)되가 만들어져
  서 신되(2ℓ)와 구(舊)되(1.8ℓ)로 구분되어 사용되다가, 1961년 5월 1일 계량법이 제정되어 구되는 자취를 감추
  고 신되만이 남게 되었다. 따라서 계량단위로서의 되는 1.8ℓ로 되고, 상거래에 사용되는 계량기(計量器)로서 되는
  아직까지 2ℓ로 통용되고 있다.

수운잡방

一五〇〇년대 한국전통음식

제1부 전통음식

'수운잡방(需雲雜方)'은 우리나라에서 현재까지 발견된 가장 오래된 조리서로서, 고려 말에서 조선 전기에 걸친 우리 음식의 조리법과 500년 전의 식생활을 엿볼 수 있는 귀중한 자료로 평가받고 있다.

'수운잡방(需雲雜方)' 제1부 전통음식편에서는 원문에 기록된 120여 종의 음식 중 죽, 면 등의 주식류와 부식류인 김치, 국, 조림, 족편, 마른 찬, 장아찌, 젓갈, 장, 식초, 과정류 등 48종의 음식을 수차례에 걸친 실험조리를 통해 현대화한 레시피로 재현하여 사진과 함께 수록하였다.

청화백자석류문주발
주발은 남자의 밥그릇을 말한다. 그
릇의 형태는 아래가 좁고 위는 차츰
넓어지며 뚜껑을 덮게 되어 있고 주
로 유기나 사기로 만든다.

타락(駝酪)

재료 및 분량

우유 2첩
본 타락(탁주) ¼첩
식초 1큰술

만드는 방법

1. 우유는 체로 세번 걸러 죽을 끓인 후 항아리에 담고 본 타락을 조고만 잔
   한 잔을 섞어 따뜻한 곳에 두고 두껍게 덮어준다.

2. 밤중에 나무(꼬챙이)로 찔러 보아 누런 물이 솟아 나오면 그릇을 서늘한
   곳에 둔다.

* 본 타락이 없으면 좋은 탁주를 한 종지 넣어도 좋다.
* 본 타락을 넣을 때 좋은 식초를 같이 조금 넣으면 더욱 좋다.

원문해석

유방이 좋은 암소를 송아지에게 젖을 빨려 우유가 나오기 시작할 때, 젖을
씻고 우유를 받는다. 많으면 한 사발 적으면 반 사발 정도 되는데, 체로
세 번 걸러 죽을 끓인다. 끓여 익힌 타락(숙타락)을 오지항아리에 담고
본 타락을 조고만 잔 한 잔을 섞어 따뜻한 곳에 두고 두껍게 덮어둔다.
밤중에 나무 (꼬챙이)로 찔러 보아 누런 물이 솟아 나오면 그릇을 서늘한
곳에 둔다. 만약 본 타락이 없으면 좋은 탁주를 한 종지 넣어도 된다.
본 타락을 넣을 때 좋은 식초를 같이 조금 넣으면 더욱 좋다.

需雲雜方 주식류 · 면

18

유기주발
유기로 만든 주발. 그릇의 형태
는 아래가 좁고 위는 차츰 넓어
지며 뚜껑을 덮게 되어 있다.

육면(肉糆)

재료 및 분량

쇠고기 300g, 된장 3큰술, 물 4컵, 밀가루 3큰술

만드는 방법

1. 끓는 물에 쇠고기를 넣고 반 정도 익도록 삶는다.

2. 냄비에 물과 된장을 풀어 넣고 끓인다.

3. 반숙한 쇠고기를 가늘게 채 썰어 밀가루를 입혀 된장국에 넣고 잠시 끓인다.

원문해석

기름진 고기를 반숙해서 국수처럼 가늘게 썰어 밀가루를 둘러 묻혀 된장
국에 넣고 여러 번 끓여 낸다.

肉糆
膏肉半熟如糆細切稀塗真末納湯豉更數沸進之

유기합
국수장국, 떡국, 밥, 약식 등을 담는 그릇으로
속이 깊고 입구에서 바닥까지 직선 형태이며,
뚜껑이 있고 놋쇠로 만든다.

습면법(濕糆法)

재료 및 분량

녹두녹말 1컵, 물 6컵, 두부틀(올챙이묵틀)

만드는 방법

1. 물에 녹두녹말을 풀어 넣고 묵 쑤듯이 오랫동안 잘 끓인다.

2. 큰 그릇에 냉수를 넉넉히 담고 구멍 뚫린 바가지를 물이 닿지 않게 올리고 끓인 녹말을 붓고 누른다.

★ 잠시 끓이면 졸깃하지 않고 끈기가 없으므로 오래 끓인다.

원문해석

녹말은 희고 좋은 것을 골라 쓴다. 솥의 끓는 물에 바가지를 넣어 끓이다가, 뜨거운 바가지를 꺼내어 끓는 물 2되를 담는다. 아직 뜨거울 때 녹두가루 2~3홉을 넣고 꺾은 나뭇가지 2개로 여러 번 휘젓는다. 끈적끈적하게 되면 끓는 물을 더 넣고 묽으면 녹두가루를 더 넣어 풀죽이 나뭇가지를 타고 흐름이 끊어지지 않게 된 후에 녹두가루 5되를 더 섞는다. 그 농도가 진꿀 같이 되면 새끼손가락 굵기의 구멍 세 개가 뚫린 바가지를 한 손에 들고 세손가락으로 구멍을 막은 다음 (앞의)녹두가루 섞은 물을 솥의 끓는 물에 흐르게 하면서 한 손으로 바가지를 [탁탁]두드린다. 바가지가 높을수록 면발은 가늘어진다. 나뭇가지로 솥 안의 국수를 휘저어 건져 쓰면 된다. 국수의 좋고 나쁨은 풀죽이 날것이냐, 잘 익었느냐, 되냐, 묽으냐에 달린 것으로 생각된다.

濕糆法
擇菜末之白肥者
熱和於鼎幷入中瓢湯沸之比
熟起加菉豆末二三合折木
瓢盛沸之猶起加菉豆末二三合末流
攪收之膠之厚作添沸而後
二
木枝不絕一手加菉豆末生
二枝約後一手执小指穿
三穴之瓢釜三指盛和之
攪之木注沸而高則糆細小木枝
攪在鼎之糆挹用之九好糆善惡多之作膠之生乽

유기바리
바리는 여자용 밥그릇으로 입구보다
가운데 부분과 바닥 부분이 둥근 곡
선의 형태를 이루며 뚜껑이 있다.

서여탕법
(薯蕷湯法)

재료 및 분량

쇠고기 100g, 참기름 2큰술, 엿물(물 5컵, 조청 50g)
마 200g, 달걀 2개
청장 1작은술, 소금 1작은술

만드는 방법

1. 쇠고기를 밤톨 크기로 썰어 뜨거운 솥에 참기름을 두르고 볶는다.

2. 1에 엿물(흑탕수)을 붓고 5분 정도 끓여 육수를 만든다.

3. 마는 껍질을 벗겨 큰 것은 은행잎모양으로 썰고 작은 것은 반달모양으로 썰어 끓는 육수에 넣고 5분 정도 더 끓인다.

4. 청장과 소금으로 간을 맞춘 후 달걀을 풀어 넣는다.

＊ 달걀을 풀어 넣을때는 불을 낮추고 넣어야 탕의 모양이 좋다.

원문해석

기름진 고기를 밤톨 크기로 썰어 뜨거운 솥에 참기름을 흥건히 두르고 볶은 다음, 엿물(흑탕수)를 붓고 끓여 익힌다. 또 마는 껍질을 벗기고 잘게 썰어 끓는 탕에 넣고 잠시 더 끓인 후 달걀을 많게는 7~8개, 적게는 4~5개를 깨 넣고 끓인다.

薯蕷湯法
膏肉小棗大
地之後瀉生油
和無罪中將去肉煮熟
次瀉熟沥和烹煮又
肪薯蕷削去細
切投之起沥中
煮煮之小
項鷄卵
擊投
之沥
多則七
八小
則四
五箇
同

대접

대접은 대체로 입구의 지름이 넓고
바닥은 지름보다 좁으며 그 사이가
부드러운 곡선으로 되어 있다.

전어탕법
(煎魚湯法)

재료 및 분량

민물고기 700g, 참기름 2큰술, 마 150g, 달걀 1개
끓인 장국물 : 물 3첩, 청장 4큰술

만드는 방법

1. 뜨거운 솥에 참기름을 두르고 민물고기를 넣고 볶다가 장국물을 붓고
   20분 정도 끓인다.

2. 1에 껍질 벗긴 마를 큰 것은 반달썰기하고 작은 것은 어슷썰어 넣고
   끓이다가 달걀을 풀어 줄알을 친다.

★ 민물고기의 내장을 완전히 제거해 쓴맛을 없앤다.

원문해석

참기름을 두른 뜨거운 솥에 민물고기 크고 작은 것을 가리지 않고 넣어 볶은
후, 끓인 장국물에 물고기 볶은 것을 넣고 다시 끓이면 된다. 또 민물고기
를 장국물에 잠깐 끓인 다음 껍질 벗긴 마를 잘게 썰어 넣고 다시 달걀을
깨 넣고 끓여 먹는다.

煎魚湯法
先油煎於鼎中川魚勿論大小投之熱烹次水器
的烹煮以看項先烹煮攪之又煮又川魚烹畬
畬於中小項薯與剝皮細切投之又鷄卵破投之烹
烹用之

需雲雜方

부식류 · 국

26

유기대접

대접은 국이나 숭늉을 담아 먹
는 그릇으로 유기와 사기 등으
로 만들었다.

분탕(粉湯)

재료 및 분량

참기름 ½큰술, 채 썬 흰파 1큰술, 청장 1큰술, 물 6컵, 쇠고기 100g

황백녹두묵 ½모, 오이 ⅓개

미나리 5g, 도라지 30g, 녹두가루 2큰술

소금 ½작은술

만드는 방법

1. 참기름에 흰파 썬 것을 볶고 청장과 물을 붓고 장국을 끓인다.

2. 기름진 고기를 채썰고, 황백으로 물들인 녹두묵은 긴 국수처럼 썰어 놓는다.

3. 오이, 미나리, 도라지는 3cm 정도로 썰어 녹두가루를 입혀 끓는 물에 데쳐낸다.

4. 1에 모든 재료를 넣고 탕을 끓이다가 소금을 넣고 간을 맞춘다.

원문해석

참기름 1되, 흰파썬 것 1되를 같이 볶고 청장 1되를 탄 물 1동이를 준비하여
이 네 가지를 함께 섞어 먼저 묽은 탕을 만든다. 탕을 부어 쓸 때 짜고 싱거
운 것은 맛을 보고 간을 맞춘다. 기름진 고기를 초미처럼 썰고 황색과 백색
두 가지 색으로 물들인 녹두묵은 국수처럼 길게 썬다. 생오이나 물미나리,
도라지는 1치 정도로 썰어서 녹두가루를 입혀 끓는 물에 데쳐낸 후 위의
것들과 함께 탕에 넣어 쓴다. 탕을 만들 때에는 고기가 많을수록 맛이 좋다.

粉湯

曺雨水初味切之烹豆水□長麵切之入衆白兩色生

瓜和作着豆末一寸許切之烹豆末着衣沸水却煮而

末拉此右件味下□加用水煮白細折投之用

□拯此右件香□多味而知之

곱돌솥

밥이나 죽, 별미음식을 만드는 솥으로 곱돌이 주재료. 밥을 지으면 틈이 고르게 들고 잘 타지 않아 밥맛이 좋고 쉽게 식지도 않는다.

삼하탕(三下湯)

재료 및 분량

쇠고기 300g, 후추 1작은술, 다진 흰파 1큰술, 된장 1큰술
참기름(지지는 기름) 3큰술
기자면 : 밀가루 ½컵, 물 3큰술
물 5컵, 청장 1작은술, 소금 1작은술

만드는 방법

1. 기름진 고기, 후추, 잘게 썬 흰파, 된장을 고루 섞어 개암 크기의 알갱이로 만든다.

2. 밀가루에 물을 넣고 반죽하여 동전 크기로 빚는다.

3. 완자와 기자면을 참기름에 지진다.

4. 분량의 물에 청장과 소금을 넣고 끓으면 지져놓은 완자와 기자면을 넣어 잠시 끓인다.

원문해석

기름진 고기와 후추, 그리고 흰파 잘게 썬 것을 된장과 고루 섞어 개암 크기의 알갱이를 만든다. 새알 같은 변시(匾食)를 참기름에 지지고, 기자면도 같이 지진다. 또 위의 여러 가지 맛이 나는 것을 같이 참기름에 지져 탕을 부어 쓴다.

三下湯
肥肉及林魚而細切右腐醬和合水棬子
作圓遍合水烹郎烹右生油中君子麪水頭造作
又烹生油上項雜味下麪用之

놋쇠옹

주발로 한두 그릇 정도의 양을 담아 밥을 지을 수 있는 솥으로, 따뜻할 때 솥째로 올리며 주로 사찰에서 이용한다.

황탕(黃湯)

재료 및 분량

황반(쌀 200g, 치자물 3큰술), 갈빗살 200g, 파 1큰술, 후추 1/8작은술, 녹두가루 2큰술
물 6컵, 생강 20g, 잣 1큰술, 개암 2큰술, 소금 1작은술, 청장 1작은술

만드는 방법

1. 쌀을 노랗게 물들여 밥을 짓는다.

2. 갈빗살은 편으로 얇게 떠서 맹물에 데친 다음, 곱게 다져 파, 후추를 섞어
   새알같이 완자를 만들어 녹두가루를 묻혀 뜨거운 물에 끓여 낸다.

3. 분량의 물을 끓이다가 팥알처럼 썬 생강과 잣, 개암, 황반, 갈빗살 고기완자를
   넣고 탕을 끓인다.

원문해석

노랗게 물들인 밥을 지어 놓고 갈빗살을 편으로 얇게 떠서 맹물에 끓인다.
다시 고기와 파, 후추, 세 가지를 고루 섞어 새알 같은 완자를 만들고 녹두가
루를 묻혀 뜨거운 물에 끓여 낸다. 생강은 팥처럼 썰고, 잣, 개암, 그리고 앞
의 황반과 갈빗살 고기완자와 함께 6가지 맛의 재료를 넣어 탕을 끓여 쓴다.

庁以楠汤又如肉㸃㸃菜㪍
黄炊熟炊飯入黄染㸃加㸃孙如㸃㪍
园浸以蒸豆末宿的豆如沸也生㸃初如小豆以㸃
柏榛子加上項黄飰加㸃内园打六味入㳀沸用
杉榛子如上項黄飰加㸃内园打六味入㳀沸用

나무밥통
밥을 담아 두는 통으로 나무밥통은
자체의 흡수력이 있어 음식이 쉽게
쉬거나 상하지 않아 여름에 좋다.

삼색어알탕
(三色魚兒湯)

재료 및 분량

은어 2마리 (300g), 숭어 1마리 (500g), 녹말가루 4큰술, 중하 5마리
녹말 50g, 후추 ⅛작은술, 회향 1g, 흰파 30g, 된장 1큰술
녹두묵 : 녹말가루 ½컵 물 3컵
시금치즙 ½컵, 치자물 ½컵

만드는 방법

1. 은어, 숭어 작은 것을 구해 껍질을 벗기고, 녹말가루를 묻혀 뜨거운 물에
   삶아 냉수에 헹궈 식혀 수병모양으로 썬다.

2. 썬은 생선에 녹말, 후추, 회향, 흰파, 된장을 고루 섞어 새알같이
   완자를 만든다.

3. 새우는 껍질을 벗겨 마리마다 두 쪽으로 자른다.

4. 시금치즙과 치자물에 넣고 삼색으로 물들인 녹두묵은 수병모양으로
   썰어 모든 재료를 넣고 탕을 끓인다.

원문해석

은어, 숭어의 새끼를 구해 껍질을 벗기고 녹말가루가 잘 물도록 찰자루로
고루 두드려 녹두가루를 입혀 뜨거운 물에 삶아 냉수 중에서 건져 내어
식혀 수병모양으로 썬다. 또 이 생선을 가늘게 썰어서 녹말, 후추, 회향,
흰파를 섞고 된장과 고루 섞어 새알같이 완자를 만든다. 대하는 껍질을
벗겨 마리마다 두 쪽으로 갈라 편을 만들고, 삼색으로 만든 녹두(묵)은
수병모양으로 썰어 탕을 부어 쓴다.

三色魚兒湯銀魚
首色魚兒湯中刮去脊上骨以菉末
和魚肉入火炎沸去杜和梣和冷水
和以扒如香每一以刀柳切如筝末
又以魚細切如絲柳冷末和魚即大
侚為千去皮更以菉末用廖醬和均
以圓扒魚即大侚為千去皮每一
待冷如水扒切之又虫
恨如心而片末豆作三色以虫
扒未用廖醬和均以筝末

놋쇠밥통
놋쇠, 자기, 사기로 만든 밥통은 보
온력이 있어 가을, 겨울용으로 적
합하다.

전계아법
(煎鷄兒法)

재료 및 분량

영계 1마리(500g), 참기름 3큰술, 청주 2큰술, 식초 1작은술, 물 2컵
간장 2큰술
다진파 1큰술, 형개 1/8작은술, 후추 1/8작은술, 천초가루 1g

만드는 방법

1. 영계 한 마리를 털을 뽑고 깨끗이 씻어 토막을 낸다.

2. 솥에 참기름을 두르고 닭고기를 5분 정도 볶는다.

3. 닭이 익으면 청주, 식초, 물, 간장을 넣고 졸인다.

4. 다진 파, 형개, 후추, 천초가루를 넣는다.

원문해석

영계 한 마리를 털을 뽑고 사지를 나누어 씻어 피를 없앤다. 솥에 참기름 2
홉을 두르고 닭고기를 볶는다. 익으면 청주 1홉, 좋은 초 1숟가락, 맑은 물
1사발을 간장 1홉과 섞어 그 솥에 넣고 한 사발이 될 때까지 졸인다. 잘게
다진 생파, 형개, 후추, 천초가루를 쳐서 먹는다.

煎鷄兒法
鷄兒一隻去毛羽觧四肢洗去血致其
煮鷄肉待熟加淸酒二合好醋一抹和居
醬一合注千鼎煮至一抹細斫生葱荊芥胡椒川椒
末而食之

바루

승려의 밥그릇을 말한다. 유기로 만든
것도 있으나 나무로 주로 만들어 '발
우', '바릿대', '바리' 라고도 한다.

전약법 (煎藥法)

재료 및 분량

청밀(꿀) 4첩, 아교 4첩, 대추 300g, 후추 1½큰술, 정향 1½큰술
건강(마른 생강) 5큰술, 계피 3큰술, 물 2ℓ

만드는 방법

1. 청밀, 아교, 대추, 후추, 정향, 건강, 계피에 물을 붓고 2시간 정도 중불에
   서 푹 고아 체에 내린다.

2. 체에 내린 즙을 1시간 정도 다시 졸여 네모진 틀에 굳혀 모양내어 썬다.

원문해석

청밀, 아교 각 3사발, 대추 1사발, 후추와 정향 1냥반, 건강(乾薑) 5냥, 계피
3냥을 섞어 일상의 방법대로 졸인다.

煎藥法
清蜜阿膠各三鉢大
棗一鉢胡椒丁香一
兩半扎爲乾薑五兩
桂安三兩依法熬之

수란뜨개
국자 세 개를 한데 묶어 만든 형태.
달걀을 수란뜨개에 담고 끓는 물에
넣어 반숙으로 만드는 데 쓰인다.

전곽법(煎藿法)

재료 및 분량

잣 300g, 식초 ⅛컵, 다시마 긴 것 2장(200g)

만드는 방법

1. 잣을 곱게 갈아 식초와 섞는다.

2. 다시마에 잣과 식초 섞은 것을 발라 채반에 넣어 말려서 불에 기름을
   조금 넣고 중·약불에 4~5초 정도 앞뒤로 살짝 지진다.

*잣 붙인 쪽이 쉽게 타니 재빨리 지진다.

원문해석

정갈한 잣을 곱게 갈아 식초와 섞은 후 다시마에 발라 불에 지져 쓴다.

煎藿法
細磨栢子交
醋塗藿煮火
用

사발
사발은 위가 넓고 굽이 있는 형태로
밥그릇이나 국그릇으로 이용된다.

더덕좌반
(山蔘佐飯)

재료 및 분량

더덕 600g, 소금 1큰술, 간장 1큰술, 참기름 2큰술, 후춧가루 적당량

만드는 방법

1. 더덕은 껍질을 벗겨 찧어 물에 담가 쓴맛을 뺀다.

2. 손질한 더덕을 찜통에 쪄서 소금, 간장, 참기름을 넣고 자기 그릇에
   담아 하룻밤 재운다.

3. 다음날 햇볕에 말려 후춧가루를 조금 뿌려 2의 양념장에 다시 담갔다가
   말려 구워 먹는다.

원문해석

더덕은 겉껍질을 벗기고 찧어 흐르는 물에 담가 두거나, 흐르는 물이 없으
면 물을 여러 번 갈아주어 쓴맛이 없도록 하여 쪄 익힌 후, 소금, 간장, 참기
름을 섞어 자기 그릇에 담아 하룻밤 재운다. (다음날) 이것을 햇볕에 말리
고 후춧가루를 조금 뿌려 다시 담갔다가 말린다. 쓸 때에는 구이로 한다.
여름철에 더욱 좋다.

山蔘佐飯

山蔘去麁皮擣之流水浸之無水流數改水令無苦
味熟蒸監清醬香油交合盛甕器中山蔘浸一宿陽
乾再浸下胡椒末小許又乞周時炙而進之夏節尤

41

곱돌냄비
곱돌로 만든 냄비로 음식을 끓이고
삶고, 볶는 데 쓰이는 조리용구이다.
냄비는 일본말 '나베'에서 온 것이고
우리 고유의 말은 '쟁개비'라고 한다.

청교침채법
(靑郊沈菜法)

재료 및 분량

순무 1kg, 소금 130g, 우거지 300g, 향채 100g, 물 4컵

만드는 방법

1. 순무를 아주 깨끗이 씻어서 발 위에 널어놓고 눈이 살짝 덮인 것처럼 소금을 뿌린다.

2. 잠시 후에 다시 먼저와 같이 씻어 소금을 뿌리고 남은 우거지와 향채로 고르게 덮는다.

3. 3일이 지난 후 3~4치 길이로 잘라 독에 담는다. (큰독이면 소금 2되, 작은 독이면 소금 1되를 넣는다.) 반쯤 익으면 찬물을 넣고, 익으면 쓴다.

원문해석

순무를 아주 깨끗이 씻어서 발 위에 널어놓고 눈이 살짝 덮인 것처럼 소금을 뿌린다. 잠시 후에 다시 먼저와 같이 씻어 소금을 뿌리고 남은 우거지와 향채로 고르게 덮는다. 3일이 지난 후 3~4치 길이로 잘라 독에 담는다. 큰독이면 소금 2되, 작은 독이면 소금 1되를 넣는다. 반쯤 익으면 찬물을 넣고, 익으면 쓴다.

青郊沈菜法
蔓菁淨洗鹿上鋪置下鹽少微
蔓菁淨洗鹿上鋪置下鹽少微
盫旬令殘菜香卓盖之經三日切三四寸許納甕大
甕則鹽二米小甕則鹽一米半熟冷水和注待熱用

독
곡물이나 간장, 된장, 김치, 술, 조미
료 등을 담아 저장하는 옹기로 독과
항아리가 있다.

침백채(沈白菜)

재료 및 분량

메밀 100g, 머위 400g, 소금 100g, 우거지(배춧잎) 2장, 물 2컵

만드는 방법

1. 늦게 심은 메밀의 아직 열매를 맺지 않은 연한 줄기를 거두는 것도 이 방법과 같다.

2. 머위를 깨끗이 씻고 한 동이에 소금을 뿌려 하룻밤 재운 다음 다시 씻어 먼저와 같이 소금을 뿌려 독에 넣고 물을 붓는다.

3. 남은 우거지와 다른 채소로 고르게 덮는다.

원문해석

늦게 심은 메밀의 아직 열매를 맺지 않은 연한 줄기를 거두는 것도 이 방법과 같다. 머위를 깨끗이 씻고 한 동이에 소금 3홉씩을 뿌려 하룻밤 재운 다음 다시 씻어 먼저와 같이 소금을 뿌려 독에 넣고 물을 붓는다. 남은 우거지와 다른 채소로 고르게 덮는다.

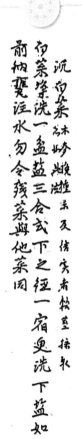

채독(삼베)
독은 항아리에 비해 운두가 높고 전
이 있으며 배가 조금 부르나 크기는
일정하지 않다.

토란줄기 김치
(土卵莖沈造)

재료 및 분량

토란줄기 500g, 소금 2큰술

만드는 방법

1. 토란줄기 가늘게 썬 것에 소금을 넣고 고르게 섞어 독에 담는다.

2. 매일 손으로 눌러 점차 작은 그릇에 옮겨 담기를 익을 때까지 한다.

원문해석

토란줄기 가늘게 썬 것 1말에 소금 살짝 1움큼씩을 고르게 섞어 독에 담는
다. 매일 손으로 눌러 점차 작은 그릇에 옮겨 담기를 익을 때까지 한다.

土卵莖沈造
芋莖細剉一斗 塩少一握
式 和合納甕 每日以斗壓
之 則漸小 入他器者 稍納
以 熟爲限

이중독
계곡물이나 냇물 속에 뚜껑을 덮어
넣어 두면 위아래에 물이 닿아 냉각
을 시키게 되어 여름에도 시원한 김
치를 먹을 수 있다.

즙저(汁菹)

재료 및 분량

가지 6개(1kg), 간장 2½컵, 밀기울 400g, 소금 2큰술

만드는 방법

1. 가지를 따서 씻고, 간장과 밀기울과 약간의 소금을 같이 섞어 항아리에
   담는다.

2. 담을 때는 먼저 장을 깔고 다음에 가지를 까는데, 항아리가 가득
   찰 때까지 담는다.

3. 사발과 진흙으로 입구를 단단히 막고 말똥 속에 묻는다.

4. 7일이면 익으므로 쓴다. 덜 익었으면 다시 묻었다가 익으면 쓴다.

원문해석

가지를 따서 씻고, 간장과 밀기울 그리고 약간의 소금을 같이 섞어 항아리
에 담는다. 담을 때는 먼저 장을 깔고 다음에 가지를 까는데, 항아리가
가득 찰 때까지 한다. 사발과 진흙으로 입구를 단단히 막고 말똥 속에 묻는
다. 5일이면 익으므로 쓴다. 덜 익었으면 다시 묻었다가 익으면 쓴다.

汁菹
茄子摘取洗之甘醬只火塩小許芥末合缸內先鋪
醬次鋪茄子以滿為限堅封蓋以沙体泥笙埋馬熱
待五日熟則用之未熟則還埋待熟月久

나무김칫독
강원도, 함경도 등지의 산촌에서는
옹기를 구하기가 쉽지 않아 쉽게 구
할 수 있는 나무로 독을 만들었다.

과저(苽葅)

재료 및 분량

오이 5개(1.2kg), 굵은 소금 1½컵, 할미꽃 풀 100g, 산초 2큰술, 물 9컵

만드는 방법

1. 7~8월에 가지나 오이를 씻지 않고 행주로 닦는다.

2. 소금에 물 9컵을 넣고 3컵이 되도록 끓여 식힌 후, 오이 사이에 할미꽃
(백두옹)잎과 줄기를 켜켜이 넣는 식으로 독에 담는다. 준비된 물을 오이
가 잠길 때까지 붓고 돌로 눌러 둔다.

3. 또 7~8월에 늙지 않은 오이를 따서 깨끗이 씻어 수건으로 닦아 물기를
없애고 독에 담는다. 간을 맞춘 소금물을 한번 끓여 붓는다. 할미꽃 풀과
산초를 오이와 켜켜이 섞어 담그면 오이김치는 물러지지 않고 맛이 달다.

원문해석

7~8월에 가지나 오이를 씻지 않고 행주로 닦는다. 소금 3되에 물 3동이를 1
동이가 되도록 끓여 식힌 후, 오이 사이에 할미꽃(백두옹)잎과 줄기를 켜
켜이 넣는 식으로 독에 담는다. 준비된 물을 오이가 잠길 때까지 붓고 돌로
눌러 둔다.
또, 7~8월에 늙지 않은 오이를 따서 깨끗이 씻어 수건으로 닦아 물기를 없
애고 독에 담는다. 간을 맞춘 소금물을 한번 끓여 붓는다. 할미꽃 풀과 산
초를 오이와 켜켜이 섞어 담그면 오이김치는 물러지지 않고 맛이 달다.

苽葅
七八月茄苽不洗以
行子拭之塩三升水三盃煎至
一盃待冷水倆瓷印頸菊葉
相間倆之
倳菊水茄
倁水為派以石鎮之

젓갈항아리

젓을 담는 항아리로 멸치젓항아리, 새우젓항아리 등이 있으며 일반 항아리처럼 배가 부르지 않고 일직선인 것이 특징이다.

수과저 (水苽菹)

재료 및 분량

오이 5개 (1.2kg), 할미꽃 1컵 (50g), 산초 1½컵, 물 700㎖ (3½컵), 소금 1컵 (165g)
박초 40g

만드는 방법

1. 8월에 오이를 따서 깨끗이 씻어 광주리에 담아 햇빛에 말려 물기를 없앤다.

2. 할미꽃을 박초(朴草)로 산초와 오이를 켜켜이 섞어 독에 넣는다.
   (오이 1동이를 담그려면 끓인 물 1동이에 소금 3되를 섞어 붓는다)

3. 익을 때 독 윗면에 거품이 괴어오르면 거품이 일지 않을 정도로 매일 정화수로 부어내린다. 이렇게 하면 맛이 매우 좋고 김치 국물은 독 밑바닥까지 맑아 마치 수정과 같다.

   * 박초 : 짚이나 수숫잎같이 키가 크고 섬유질이 많은 풀 등을 그대로, 또는 엮거나 똬리같이 말아, 독 안에 담긴 것의 위를 눌러 덮거나 사이에 박아 넣는 것, 또는 그 풀

원문해석

8월에 오이를 따서 깨끗이 씻어 광주리에 담아 햇빛에 말려 물기를 없앤다. 할미꽃을 박초(朴草)로 산초와 오이를 켜켜이 섞어 독에 넣는다. 오이 1동이를 담그려면 끓인 물 1동이에 소금 3되를 섞어 붓는다. 익을 때 독 윗면에 거품이 괴어오르면 거품이 일지 않을 정도로 매일 정화수로 부어내린다. 이렇게 하면 맛이 매우 좋고 김치 국물은 독 밑바닥까지 맑아 마치 수정과 같다.

水苽菹
八月摘甫蔬苽浮洗晒乾令無水氣白頸菹於朴草
山椒與菾交細瓮苽一盆菹三洲和涇
熱時洎工瓮面井花水日々鴻下以無洎為度如疝
則味並好菹水到底清如水晶

需雲雜方

부식류 · 김치

감항아리
감처럼 입구가 좁고 아주 펑퍼짐하여
감항아리라고 하며 바깥 공기와의 접
촉이 적어서 김치 항아리로 쓰인다.

늙은 오이 김치
(老茄菹)

재료 및 분량

늙은 오이 10개, 소금 2컵, 산초 1컵, 할미꽃 1½컵, 박초 적당량

만드는 방법

1. 늙은 오이를 따서 반으로 갈라 수저로 속을 긁어내고 잘게 썰어 약간의
   소금을 뿌린다.

2. 다음날 다시 꺼내어 독 안의 물기를 없애고 소금을 많이 뿌린 다음 산초와
   켜켜이 섞어 독에 담는다. 걸물을 붓지 않아도 역시 자연히 물이 나온다.

3. 이렇게 하면 할미꽃(백두옹)으로 독의 입구를 막고 돌로 무겁게 눌러
   두는 것으로 1년이 지나도 맛이 변하지 않는다. 대체로 오이김치는 박초
   를 엮어 독입구를 막고 돌로 눌러 놓는다.

원문해석

늙은 오이를 따서 반으로 갈라 수저로 속을 긁어내고 잘게 썰어 약간의
소금을 뿌린다. 다음날 다시 꺼내어 독 안의 물기를 없애고 소금을 많이
뿌린 다음 산초와 켜켜이 섞어 독에 담는다. 걸물을 붓지 않아도 역시 자연
히 물이 나온다. 이렇게 하면 할미꽃(백두옹)으로 독의 입구를 막고 돌로
무겁게 눌러 두는 것으로 1년이 지나도 맛이 변하지 않는다. 대체로 오이
김치는 박초를 엮어 독입구를 막고 돌로 눌러 두기를 많이 한다.

老茄菹

老茄摘取私分剖以匙刮去内細切下盥小許曝日退出去筤内水多下盥山椒交納笼不湮客水少出自釀水外洮則稚用一舂之万致味也頭各防笼口以石重鎮之大尒抵菹編於朴草防口多以石鑿之

보시기
김치를 담는 그릇으로 속이 깊고 주둥이보다 배가 약간 더 부른 형태에 굽이 높다.

꿩 김치(雉葅)

재료 및 분량

꿩 1마리(1.5kg), 오이 2개, 생강 1톨
소금 1큰술, 간장 1큰술, 물 2컵, 참기름 ½큰술, 산초 ½큰술, 소금 ½작은술

만드는 방법

1. 꿩과 오이는 날 오이로 김치를 담글 때의 모양으로 길이로 ½로 어슷 썰어 소금에 살짝 절이고, 생강은 가늘게 채 썬다.

2. 오이는 물에 담가 소금기를 우려낸 후, 이 세 가지를 섞어둔다. 간장에 물을 타서 무쇠 그릇에 넣고 끓인 후 참기름을 조금 넣는다.

3. 여기에다 위의 세 가지 식품과 씨를 뺀 산초, 소금을 같이 넣고 센불에서 2분 정도 끓인다. 잠깐 끓이면 맛있게 먹을 수 있고, 안주로 해도 역시 좋다.

원문해석

꿩과 오이는 날 오이로 김치를 담글 때의 모양으로 썰고, 생강도 가늘게 썬다. 오이는 물에 담가 소금기를 우려낸 후, 이 세 가지를 섞어둔다. 간장에 물을 타서 무쇠 그릇에 넣고 끓인 후 참기름을 조금 넣는다. 여기에다 위의 세 가지 식품과 씨를 뺀 산초, 소금을 같이 넣고 끓인다. 잠깐 끓이면 맛있게 먹을 수 있고, 안주로 해도 역시 좋다.

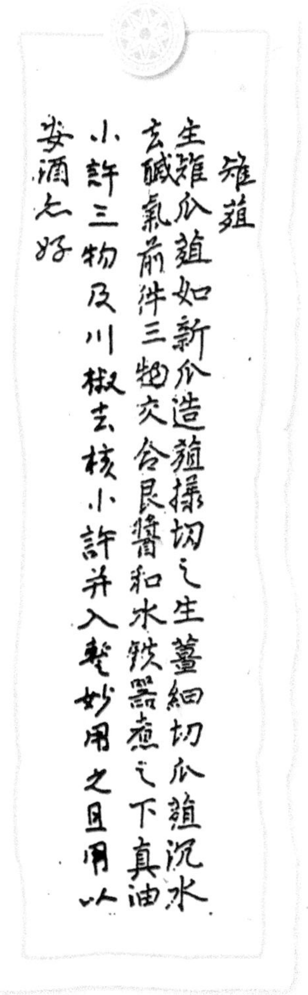
雉葅
生雉瓜葅如新瓜造葅様切之生薑細切瓜葅沉水去醎氣前件三物交合艮醬和水鉄器煮之下真油小許三物及川椒去核小許并入煑妙用之且用以安酒亦好

김치광

겨울철에 김장김치를 바람이나 눈, 비로부터 막아주고 김치맛을 상하지 않고 오랫동안 보존하기 위한 용도로 만들었다.

납조저 (臘糟菹)

재료 및 분량

술지게미 500g, 굵은 소금 ⅔컵, 오이 5개, 가지 3개

만드는 방법

1. 납일에 술지게미와 소금을 섞어 독에 넣고 진흙으로 독 입구를 발라둔다.

2. 여름철에 가지나 오이를 따서 수건으로 물기가 없도록 닦아 술지게미 독에 깊이 박아 넣고 익으면 쓴다.

* 물기가 있으면 벌레가 생긴다. 납일이 아닐지라도 이달을 넘기지 않으면 담글 수 있다.

* 가지와 오이는 반드시 동자(童子)로 하여금 햇볕에 쏘이게 한 것을 쓰면 맛이 좋다.

원문해석

납일에 술지게미와 소금을 섞어 독에 넣고 진흙으로 독 입구를 발라둔다. 여름철에 가지나 오이를 따서 수건으로 물기가 없도록 닦아 술지게미 독에 깊이 박아 넣고 익으면 쓴다. 물기가 있으면 벌레가 생긴다. 납일이 아닐지라도 이달을 넘기지 않으면 담글 수 있다. 가지와 오이는 반드시 동자(童子)로 하여금 햇볕에 쏘이게 한 것을 쓰면 맛이 좋다.

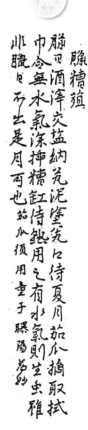

臘糟菹
臘日酒滓交塩納瓮泥塗瓮口待夏月茄瓜摘取拭
巾令無水氣深揷糟缸待熱用之有水氣則生虫雖
非臘日不出是月可也於瓜須用童子曬陽爲妙

需雲雜方 부식류·김치

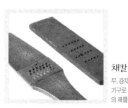

채칼
무, 감자 등의 채를 썰 때 쓰이는 기구로 짧은 시간 내에 많은 양의 채를 썰 수 있는 장점이 있다.

무 김치 (沈蘿蔔)

재료 및 분량

무 8개, 소금 2.5kg

만드는 방법

1. 서리가 내린 후 당무의 줄기와 잎은 버리거나 혹 연한 줄기와 잎은 그냥 둔 채 흙은 씻어 버리고, 잔뿌리는 돌로 문질러 없앤 후 다시 깨끗이 씻는다.

2. 무에 소금 500g을 뿌려 하룻밤 재운 후 씻어 소금기를 없앤 다음, 하룻밤 물에 담갔다가 꺼내어 발에 얹어 물기를 없애고 독에 넣는다.

3. 무에 나머지 소금 2kg과 물을 섞어 가득 채운 후 얼지 않는 곳에 두고 쓴다.

원문해석

서리가 내린 후 당무의 줄기와 잎은 버리거나 혹 연한 줄기와 잎은 그냥 둔 채 흙은 씻어 버리고, 잔뿌리는 돌로 문질러 없앤 후 다시 깨끗이 씻는다. 무 1동이에 소금 2되를 뿌려 하룻밤 재운 후 씻어 소금기를 없앤 다음, 하룻밤 물에 담갔다가 꺼내어 발에 얹어 물기를 없애고 독에 넣는다. 무 1동이에 소금 1되 5홉씩을 물과 섞어 가득 채운 후 얼지 않는 곳에 두고 쓴다. 만약 싱거우면 1동이당 소금 2되씩을 물과 섞어 붓는다.

沈蘿蔔

蔓蘿蔔經霜後去莖葉或存軟莖葉洗去土以石磨
去根鬚更淨洗蘿蔔一盆屑鹽二升經疏洗去鹽氣
陵醬一夜挫出晡陷去水納甕蘿蔔一盆鹽一升五
合式和水滿注置不凍空用之二若小鹹和水注下

61

찬합
여러 가지 반찬을 담을 수 있도록
만든 그릇으로, 포개어 간수하거
나 운반할 수 있도록 3~5층으로
이루어진 식기.

파 김치 (蔥沈菜)

재료 및 분량

파 2단(1kg), 소금 2컵, 소금물 1ℓ

만드는 방법

1. 파는 껍질을 벗긴 후 잔뿌리는 둔 채로 깨끗이 씻어 항아리에 파가 잠길
   정도로 물과 함께 넣는다.

2. 이틀에 한 번씩 물을 갈아주며 매운 기를 뺀 후 깨끗이 씻어 소금을 뿌린다.

3. 항아리에 파 한 층, 소금 한 층씩 켜켜로 넣고 소금물을 만들어 항아리에
   가득 채운다.

4. 면보로 항아리 입구를 막고 돌로 눌러 익힌다.

* 매운기를 빼기 위해 물을 갈아 줄 때 여름철에는 3일, 가을철에는 4~5일
   정도 두는 것이 좋다.
* 먹을 때 잔뿌리를 자르면 색이 하얗고 좋아 더 먹음직스럽다.

원문해석

파를 깨끗이 씻어 바깥 껍질을 벗겨내고 잔뿌리는 둔 채로 독에 넣는다.
고르게 누른 다음, 물을 가득 채운다. 이틀에 한 번씩 물을 갈아준다. 여름
철에는 3일, 가을철에는 4~5일 기다려 매운 기가 가시면 꺼내어 다시 씻어
눈이 내린 듯 소금을 뿌린다. 파 한 층, 소금 한 층 켜켜 독에 넣고 소금물을
약간 짜게 만들어 독에 가득 채운다. 박초로 독의 입구를 막고 돌로 눌러
두고 익으면 쓴다. 쓸 때 껍질과 잔뿌리를 없애면 색이 하얗고 좋다.

蔥沈菜
蔥淨洗去鹿皮石玄贄納瓮勿推壓滿注水二日一
改水夏待三日秋待四日五無刺氣蔥限還出雪洗
着盬如灑雪蔥一件盬一件納盬水旻鹹尙注
扵朴草擁間甕口以石鎭之待熟用之其用之時去皮及細根故白好

유기접시
음식을 담는 편평한 형태의 그릇으로
형태와 모양이 다양하다.

동치미
(土邑沈菜)

재료 및 분량

무(小) 10개, 굵은 소금 2컵
물 5ℓ (25컵)

만드는 방법

1. 정이월 참무를 깨끗이 씻어 껍질을 벗기고 큰 것은 잘라 조각을 만들어
   항아리에 넣는다.

2. 분량의 물에 소금을 넣고 끓여서 식힌 후 항아리에 붓는다.

원문해석

정이월 참무를 깨끗이 씻어 껍질을 벗기고 큰 것은 잘라 조각을 만들어 독
에 넣는다. 깨끗한 물에 소금을 조금 넣고 끓여 식힌 후 무 한 동이에 물 세
동이씩 부었다가 익으면 쓴다.

土邑沈菜

正二月眞菁根淨洗削皮大則剉作片納荒淨水盆
小許沸湯待冷菁一盆剉水三盆注之候熟用之

굽다리 접시
삼국시대에 널리 유행한 그릇의 하나
로 다리가 붙은 모든 그릇을 굽다리
접시라고 한다.

향과저
(香苽葅)

재료 및 분량

어린 오이 6개(1.2kg), 생강 45g, 마늘 50g, 후추 ½큰술
향유유(목이버섯기름) 1큰술, 간장 2컵(480g)

만드는 방법

1. 어린 오이 큰 것을 골라 물로 씻지 말고 수건으로 닦아 잠시 햇볕을 쪼인다.

2. 칼로 위, 아래를 잘라내고 세 가닥으로 쪼갠다.

3. 생강, 마늘, 후추, 향유유, 간장을 섞어 지져서 오이 쪼갠 곳에 넣는다.

4. 항아리를 물기 없이 바짝 말려 오이를 담고, 또 기름을 섞어 졸인 간장을
   뜨거울 때 항아리에 붓고 다음날 쓴다.

★ 향유유(목이버섯기름)가 없을 때는 참기름을 넣는다.

원문해석

어린 오이 큰 것을 골라 물로 씻지 말고 수건으로 닦아 잠시 햇볕을 쪼인
다. 칼로 위, 아래를 잘라내고 세 가닥으로 쪼갠다. 생강, 마늘, 후추, 향유
유(목이버섯기름) 한술, 간장 한술을 섞어 지져서 오이 쪼갠 곳에 넣는다.
새지 않는 항아리를 물기 없이 바짝 말려 오이를 담고, 또 기름을 섞어 졸
인 간장을 뜨거울 때 항아리에 붓고 다음날 쓴다.

香苽葅
揀苽未壯大者勻洗以巾拭之稻稾載上下培以刀
三分直拆生蒜柏林香蕎油一起即當一熟
納入於拆罅不津虹揆扎者可无全宏盛
長醬和合葱芥注缸翌午用之
又油七熟

종지
간장이나 초간장 등의 장류를 담아내
는 그릇으로 20~30cc 정도의 용량을
담을 수 있다. 뚜껑이 있고 놋쇠, 사
기, 나무 등으로 만든다.

겨울나는 김치
(過冬芥菜沈法)

재료 및 분량

동아 1kg, 순무 1kg, 소금 150g, 참기름 4큰술
겨잣가루 40g, 가지 적당량

만드는 방법

1. 동아와 순무 및 순무줄기는 껍질을 벗기고 적당한 크기로 썰어서
   소금을 뿌리며 독에 담는다.

2. 채소를 독에 가득 채우는데 채소를 넣을 때마다 참기름을 적당히 넣고
   겨잣가루를 굵은 체에 쳐서 넣는다.

3. 또 가지를 쪼개서 같이 담가도 된다. 7일 후면 먹을 수 있다.

원문해석

동아와 순무 및 순무줄기는 껍질을 벗기고 한 채 같은 크기로 썰어서 새지
않는 독에 담는다. (원문없음 : 담글 때 소금을 살짝)뿌리고 다음 채소를
독의 아래부터 먼저와 같이 채워 가득 채운다. 매번 채소를 넣을 때마다
(원문없음 : 참기름)을 적당히 넣고 겨잣가루를 거친 체로 쳐서 넣는다.
또 가지를 쪼개서 같이 담가도 된다.

過冬芥菜沈法
冬瓜蔓菁及薹剗皮
如切空下之任松菜如
料的注下又芥子末麁篩
下又茄子開折并
切空下之任松菜如下瓮滿瓮又注每鋪菜
坊之盛去不津缸內將

찬합
원형 또는 방형으로 하나의 큰 그릇 안에 칸이 나뉘어져 있는 것과, 서랍 형으로 운반이 용이하게 포개어 놓을 수 있는 형태가 있다.

모점이법
(毛䪞伊法)

재료 및 분량

가지 5개 (900g), 참기름 3큰술, 간장 4큰술, 식초 1컵, 마늘즙 3큰술

만드는 방법

1. 가지를 길이로 4쪽으로 쪼개어 참기름을 두르고 지져낸다.

2. 간장, 초, 마늘 즙을 섞은 것에 1을 담근다.

*10일 후에 먹을 수 있다.

원문해석

날가지를 4쪽으로 쪼개어 참기름을 두르고 지져낸 후 간장, 초, 마늘즙에 담가 쓰면 수년이 경과해도 맛이 새롭다. 또 날가지를 앞에서와 같이 4쪽으로 쪼개어 간장에 참기름을 섞어 지져낸 후 초와 마늘즙에 넣고 써도 된다.

毛䪞伊法.
生茄子四拆為加
生油將接良絲汁沈
醬臾油過数年
味不改又生茄子
水油四拆為加
或醋及絲汁用之
亦可

71

부식류 · 젓갈

청자백항아리
백항아리는 대개 모란꽃 등의 부귀를 상징하는 화초 무늬를 새긴 것이 주를 이루며 밑반찬이나 양념을 담아 둔다.

어식해법
(魚食醢法)

재료 및 분량

천어 2마리(1kg), 소금 5큰술, 멥쌀 300g, 밀가루 200g, 도토리 나뭇잎 17장
동아 적당량

만드는 방법

1. 천어 배를 갈라 깨끗이 씻은 것에 소금을 넣고 하룻밤 재워(6시간) 지난 후 다시 씻어 먼저 방법대로 소금에 절인다.

2. (이것을) 포대에 담아서 판자에 끼워 돌로 눌러 물기를 뺀다. 멥쌀로 밥을 지어 소금과 밀가루를 섞어 독에 넣는다.

3. 독의 채워지지 않는 부분은 (마른)도토리 나뭇잎으로 채우고 작은 돌로 누르고 물을 가득 붓는다. 생 도토리 나뭇잎은 식해의 맛을 시게 하므로 반드시 마른 잎을 쓴다.

4. 쓸 때에는 먼저 부은 물을 퍼낸 다음 (쓰고 난 다음에는) 동아를 웃고름처럼 썰어 소금에 절여 물기를 빼고 함께 담가도 역시 좋다.

원문해석

천어 배를 갈라 깨끗이 씻은 것 1말에 소금 5홉을 하룻밤 재워 3시간(6시간)지난 후 다시 씻어 먼저 방법대로 소금에 절인다. (이것을)포대에 담아서 판자에 끼워 돌로 눌러 물기를 뺀다. 멥쌀 4되로 밥을 지어 소금 2홉과 밀가루 2홉을 섞어 독에 넣는다. 독의 채워지지 않는 부분은 (마른)도토리 나뭇잎으로 채우고 작은 돌로 누르고 물을 가득 붓는다. 생 도토리 나뭇잎은 식해의 맛을 시게 하므로 반드시 마른 잎을 쓴다. 쓸 때에는 먼저 부은 물을 퍼 낸 다음 (쓰고, 쓰고 난 다음에는)동아를 웃고름처럼 썰어 소금에 절여 물기를 빼고 함께 담가도 역시 좋다.

魚食醢法
川魚剖腹淨洗每一斗着塩五合沈宿經三時更洗
沈塩如常盛布帒快之板以石壓之去水白米四升
課作飯塩二合真末二合和納瓷器未盈以塩實業
多布之小石片鎮之滿淉水生橡實業別醢味酸業
用乳葉出用時先注水出之如哥還布鎮淉器
必切如衹細沉塩去水弄沈乞哥水

需雲雜方 부식류 · 장

간장단지
간장을 담아 두는 저장용기로 주로
오지나 질그릇으로 만든다.

즙장 만들기
(造汁)

재료 및 분량

불린 콩 (1.3kg), 밀기울 800g, 박나무 잎 200g, 닥나무 잎 200g, 소금 1큰술

만드는 방법

1. 콩과, 밀기울을 준비하여 먼저 콩을 물에 4~5일 담근 후에 건져내어 두 가지를 섞어 곱게 찧는다.

2. 손으로 메주처럼 만들어 쪄 익혀 김을 뺀 후, 박나무잎이나 닥나무잎으로 두껍게 싸서 따뜻한 곳에 둔다.

3. 6~7일이 지난 후 이것을 부수어 햇볕에 말려 가루로 만든다. 이 가루에 소금을 섞는다. 가지를 저장하는 데에만 쓰며 독에 담아 앞에서와 같이 묻어둔다. 또한 통밀과 콩을 같은 양으로 해서 통째로 쪄서 같이 찧어 손으로 만들어도 된다.

원문해석

콩 4말, 밀기울 8말을 콩을 먼저 물에 4~5일 담근 후에 건져내어 두 가지를 섞어 곱게 찧는다. 손으로 메주처럼 만들어 쪄 익혀 김을 뺀 후, 박나무잎이나 닥나무잎으로 두껍게 싸서 따뜻한 곳에 둔다. 6~7일이 지난 후 이것을 부수어 햇볕에 말려 가루로 만든다. 이 가루 1말에 소금 2되를 섞는다. 가지를 저장하는 데에만 쓰며 독에 담아 앞에서와 같이 묻어둔다. 또한 통밀과 콩을 같은 양으로 해서 통째로 쪄서 같이 찧어 손으로 만들어도 된다.

造汁

太四升真麥呂火八斗太宪沉水四五日拯出二物
交合㸱擣如市将置選熟蒸殿氣千金末業揥業中
厚裹置隄凌經六七日擘碎陽孔作去一斗盐二升
收藏茄子爲限倜甕如前埋之擷捧遨太麥亦等可以盐蒸合收

양념단지
고춧가루, 마늘 다진 것, 깨소금, 후추
등의 양념을 담아 사용하는 저장용기
로 옹기로 만들어져 그릇 자체가 숨
을 쉬고 흡수성이 있다.

조장법(造醬法)

재료 및 분량

누런 콩 1.2kg(불린 콩 3kg), 물 2.7ℓ, 간장 ½컵(120g), 소금 ⅓컵(600g)

만드는 방법

1. 누런 콩을 깨끗이 씻어 물과 함께 삶아 콩의 양을 뺀 물의 양이 ⅓이 될
   때까지 졸인 후 좋은 간장을 솥에 붓고 다시 3~4번 끓을 때까지 졸인다.

2. 소금을 넣고 간을 맞춘 후 항아리에 넣어 두고 사용한다.

★콩은 기름 소금물과 같이 끓여 밥 먹을 때 먹는다.

원문해석

누런 콩 3말을 깨끗이 씻어 물 3동이와 같이 삶아 콩의 양을 뺀 물의 양이
한 동이가 될 때까지 졸인 후 좋은 간장 3사발을 솥에 붓고 다시 3~4번 끓
을 때까지 졸인다. 맛이 싱거우면 소금 1되를 물에 녹여 부어 적당히 간을
맞추고 새지 않는 항아리에 넣어 두고 쓴다. 콩은 기름 소금물과 같이 끓여
밥 먹을 때 먹는다.
또 누런 콩 5되를 깨끗이 씻어 물 3동이와 함께 졸이는데 물이 한 동이가
될 때까지 졸인다. 간장 1사발을 위의 방법과 같이 부으면 그 맛이 매우 달
다. 또 메주 2말, 물 1동이 반, 소금 2되를 섞어 독에 담고, 3일 동안 고르게
불린다. 맛이 싱거우면 하루 동안 더 달인다. 너무 물러지면 간장이 탁해진
다. 이 방법은 여름철에 구더기가 생기기 쉬우므로 반드시 단단히 싸두고
쓴다. 앞의 방법들도 같다.

造醬法
黃豆三斗淨洗水三盆同煮至一盆太量宜除出好
民醬三沙韓注釜夏煮至三四沸味淡珍盬一升以
通爲度和水淳納不洩缸用之大匄和油盬水煮
之味甚㕔之

需雲雜方

부식류 · 장

단지
18, 19세기에 만들어져 널리 사용된 단지는 담아 두는 내용에 따라 엿단지, 꿀단지, 술단지, 젓단지 등 다양한 이름으로 불린다.

청근장(菁根醬)

재료 및 분량

무 1개(1.5kg), 메줏가루 1kg
소금 400g

만드는 방법

1. 무는 깨끗이 씻어 겉껍질을 벗겨 무르게 삶고 메줏가루와 소금을 같이 찧어서 항아리에 담는다.

*손가락 굵기의 버드나무 가지로 독 밑바닥까지 10여 개의 구멍을 뚫고 무를 통째로 삶아 으깨서 메주와 섞어 일상의 방법대로 담가서 익으면 갈아서 메주를 만들어도 좋다.

*반드시 월초 8일과 23일에 하면 구더기가 생기지 않는다. 마땅히 만평정 성수 개일에 하는 것이 좋다.

원문해석

겉껍질을 벗기고 깨끗이 씻은 무 1동이를 무르게 삶고 메주 1말을 곱게 가루 내어 소금 1말과 같이 익혀 찧어서 독에 담는다. 손가락 굵기의 버드나무 가지로 독 밑바닥까지 10여 개의 구멍을 뚫고 무를 통째로 삶아 메주와 섞어 일상의 방법대로 담가 익혀 갈아서 메주를 만들어도 좋다.
반드시 월초 8일과 23일에 하면 구더기가 생기지 않는다. 마땅히 만평정성수 개일에 하는 것이 좋다.

菁根醬
菁根去鹿皮淨洗一盆爛烝末醬一斗細末鹽一斗
和合熱搗納瓮似如搗枡末空至瓮底十穀穴鹽一
如捊枡末空至瓮底十穀穴鹽一
如飴常須扵月初八日二十三
須扵月初八日二十三

外水一抒和盆待冷水待熟用
之如飴常須扵月初八日二十三

단지
단지는 일반적으로 항아리에 비해 목
이 짧고 주둥이보다는 배가 더 부른
형태로 소형의 것이 대부분이다.

기화장(其火醬)

재료 및 분량

콩 1kg, 기울 2kg, 물 2.25ℓ, 소금 1.6kg

만드는 방법

1. 7월 그믐에 콩을 깨끗이 씻어 푹 쪄서 익히고 기울과 함께 같이 찧어 탄환 크기의 덩어리로 만든다.

2. 14일 동안 재우고 10일간 햇볕에 쬐어 바람에 말린다.

3. 9월이 되면 소금물을 섞어 항아리에 담고 마분에 묻는다.

*마분에 묻고 즙장 만드는 방법과 같이 한다.

원문해석

7월 그믐에 콩 1말을 깨끗이 씻어 푹 쪄서 익히고 기울 2말과 같이 찧어 탄환 크기의 덩어리로 만든다. 이칠일(14일)간 재워 지내고 10일간 햇볕에 쬐어 바람에 말린다. 9월이 되면 물 1동이에 소금 7되를 섞어 독에 담고 마분에 묻기를 즙장 만드는 방법과 같이 한다.

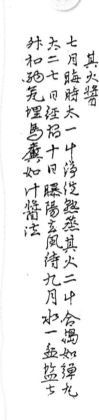

其火醬
七月晦時太一斗淨洮熟蒸其火二斗合擣如彈丸
天二七日經召十日曝陽立風待九月水一盆塩七
外和硝芄埋馬廣如汁醬法

다리쇠
화로나 풍로 위에서 음식물을 끓이거
나 데우고 구울 때, 불이 담긴 화로나
풍로 등의 기물 위에 다리처럼 걸쳐
놓고 쓴다.

전시(全豉)

재료 및 분량

황태 800g, 다북쑥 400g, 검은콩 800g, 소금 1컵, 누룩 120g, 물 ½컵

만드는 방법

1. 콩을 묘시(오전 5시~7시)에 담가 진시(오전 7시~9시)에 건져 불린 후 푹 쪄서 익힌 다음 햇볕에 말려 김을 뺀다.

2. 시렁을 내고 새렁 위에 다북쑥과 또 빈 섶 자리를 깔고 콩을 퍼 넣고 그 위에 매우 두껍게 다북쑥을 덮는다.

3. 14일이 지나면 햇볕에 말려 키질을 한다.

4. 검은콩, 소금, 누룩, 물을 섞어 항아리에 담고 뚜껑을 덮고 진흙을 발라 마분에 묻는다. 14일이 지나면 꺼내어 햇볕에 쬐고 저장한다.

*14일 햇볕에 말렸을 때 누런 곰팡이가 나는 것이 좋다.

원문해석

누런 콩, 검정콩을 가리지 않고 묘시에 물에 담가 진시에 건져내어, 검정콩
이 붉은색이 될 때까지 푹 쪄서 익힌 다음 잠깐 햇볕에 쐬어 김을 뺀다.
시렁을 내고 새렁 위에 다북쑥과 또 빈 섶 자리를 깔고 콩을 퍼 넣고 그 위에
매우 두껍게 다북쑥을 덮는다. 이칠일(14일)이 지나면 누런 곰팡이가 나면
좋은 것으로 햇볕에 말려 키질을 한다. 온 콩 1말, 소금 1되, 누룩 3홉, 물
1사발을 섞어 독에 담고 옹기그릇으로 뚜껑을 덮고 진흙을 발라 마분에
묻는다. 이칠일(14일)이 지나면 꺼내어 햇볕에 쬐고 저장한다.

全豉

黃豆勿刀倫卯字沈水良辰玉上九蒸里（豆 2. ）2.
出乍曝出氣作架 ：上舖遂又舖空石草席、上舖
豆 ：上盖遂甚厚経二七日生黃毛為上曝乾篩揚
正豆一斗盬一斗麴三合水一鉢和納甕盖甕熟以
尼塗之埋馬糞経二七
日出曝藏之

需雲雜方

부식류 · 장

도마
칼질을 하는 데 쓰이는 받침대로
두껍고 단단한 나무일수록 좋다.

봉리군전시방
(奉利君全豉方)

재료 및 분량

콩 800g, 쑥 100g, 박나무 잎 70g, 닥나무 잎 70g

소금 ⅓되(260g), 누룩 1½홉(120g), 물 1ℓ

만드는 방법

1. 누런 콩을 깨끗이 씻어 물에 담가 하룻밤 재워 쪄서 익혀 식힌다.

2. 시렁에 생 쑥을 두껍게 깐 다음, 빈 가마니를 펴고 박나무 잎, 닥나무 잎, 찐 콩을 차례로 펴 넌다. 다시 앞의 나뭇잎과 생 쑥으로 두껍게 덮는다.

3. 14일 후 콩을 꺼내어 이슬을 맞히고 바람을 없앤다. 매일 저녁 키질하기를 10일간 한다.

4. 9월 초가 되면 날것은 가려내고 띄워진 것은 독에 담는다.

5. 콩, 소금, 누룩, 물을 섞어 독에 담고 기름종이로 입구를 막고 잡초가 우거진 곳에 독을 놓는다. 뚜껑을 덮고 그 위에 진흙을 바르고 마분 가운데 둔다. 생초로 두껍게 둘러싸고 묻어둔 지 이칠일(14일)이 지나면 꺼내어 햇볕에 말리어 깨끗한 독에 담아 따뜻한 방에 둔다. 바람이 들면 맛이 쓰다.

원문해석

7월 그믐 때, 누런 콩 10말을 깨끗이 씻어 물에 담가 하룻밤 재운 후 쪄 익힌다. 열기가 빠지면 시렁을 매고 생 쑥을 두껍게 깐 다음, 빈 가마니를 펴고 박나무 잎, 닥나무 잎, 찐 콩을 차례로 펴 넌다. 다시 앞의 나뭇잎과 생 쑥으로 두껍게 덮는다. 이칠일(14일)이 지난 후 꺼내어 이슬을 맞히고 바람을 없앤다. 매일 저녁 키질하기를 10일간 한다. 9월 초가 되면 날것은 가려내고 띄워진 것은 독에 담는다. 콩 2말, 소금 1되, 누룩 4홉, 물 1동이를 섞어 독에 담고, 기름종이로 입구를 막고 잡초가 우거진 곳에 독을 놓는다. 뚜껑을 덮고 그 위에 진흙을 바르고 마분 가운데 둔다. 생초로 두껍게 둘러싸고 묻어둔 지 이칠일(14일)이 지나면 꺼내어 햇볕에 말리어 깨끗한 독에 담아 따뜻한 방에 둔다. 바람이 들면 맛이 쓰다.

奉利君全豉方

七月晦時黃豆十斗淨洗浸一宿熟蒸待入時出蒸豆列鋪空中全木葉楮葉熟豆列鋪

又作架生艾厚鋪次空也千金木葉生艾厚蓋宿二七日後出曝露去風

每一夕簸限十日待九月初生擇熟甕太二斗盐一

汴麴四合水一盃和納甕中生草厚圍而埋之過二七

益泥塗其上置馬糞中紙封口搞薪菜厚置甕

日出曝陽納淨甕入置溫房風入則味苦

85

需雲雜方

부식류 · 장

뚝배기
찌개나 조림을 할 때 쓰이며 한번
뜨거워지면 쉽게 식지 않는 장점이
있어 추운 겨울철에 많이 사용한다.

수장법(水醬法)

재료 및 분량

메주 1말(5kg), 물 10ℓ, 소금 3kg

만드는 방법

1. 메주 1말을 독 바닥에 깔고 독 중간쯤에 다리를 걸고 발을 편 다음 메주
   를 발 위에 얹어 둔다.

2. 물을 끓이고, 끓인 물에 소금을 넣고 풀어 독에 붓는다.

3. 익으면 메주를 걸러내고 수장(간장)은 새지 않는 항아리에 옮겨 담는다.

★메주 한 말은 5kg 정도이며 4덩이 정도 된다.

원문해석

20말 들이 독에 메주 1말을 먼저 독 바닥에 깔고 독 반쯤에 다리를 걸고
발을 편다. 다시 메주 7말을 발 위에 얹어 둔다. 물 8동이를 끓이고, 끓인
물 1동이에 소금 8되씩 섞어 부어내린다. 익으면 발 위의 장을 들어내고
수장은 새지 않는 항아리에 옮겨 담고 쓴다. 포적즙을 만들면 좋다. 평시에
쓰는 장독에서 간장을 많이 퍼내어 장이 마를 때 수장을 덧부었다가 퍼
쓰면 더욱 좋다.

水醬法

二十斗甕入炭末醬一斗許先入甕底瓮半入許作
橋鋪簟又末醬七斗鋪上水八盂滾湯水一盂鹽
八升式和合注下待熟撈出橋上水八盂水滾湯水入不漳缸
用之泡灸汁爲好常用醬甕多汲良醬乳燥則水醬
添注汲用允好

87

需雲雜方 🍵 부식류 · 식초

목기 쟁첩
반찬을 담는 그릇으로 뚜껑이 있다.
크기가 작으며 쟁첩 수에 따라 반상
의 첩 수가 달라진다.

꼬리 만드는 법
(作高里法)

재료 및 분량

밀 1.6kg, 박나무 잎 100g, 닥나무 잎 100g, 삼 잎 100g

만드는 방법

1. 7~8월 적당한 양의 밀을 깨끗이 씻어 쪄 익힌 후, 양이 적으면 고리짝에
   담고 많으면 시렁을 매고 그 위에 박나무(千金木)잎, 닥나무(楮)잎, 삼
   (麻)잎을 깔고 그 위에 초석(자리)을 깐 다음, 찐 밀을 깔고 앞의 나뭇잎
   으로 두껍게 덮는다.

2. 10일 후에 꺼내어 햇볕에 말리고 키질을 하여 저장한다. 때맞추어 많이
   만들어 저장해둔다.

원문해석

7~8월 적당한 양의 밀을 깨끗이 씻어 쪄 익힌 후, 양이 적으면 고리짝에
담고 많으면 시렁을 매고 그 위에 박나무(千金木) 잎, 닥나무(楮) 잎, 삼(麻)
잎을 깔고 그 위에 초석(자리)을 깐 다음 찐 밀을 깔고 앞의 나뭇잎으로
두껍게 덮는다. 10일 후에 꺼내어 햇볕에 말리고 키질을 하여 저장한다.
때맞춰 많이 만들어 저장해둔다.

作
高
里
法　寫川家法

七八月真麥任意匋少净洗熟蒸少則盜筒多則作
架架上铺千金木菩楮菜麻菜炊铺草席、上铺蓬
麥厚覆前件木菜過十日後出曝乾簸揚蔵置趂時
多作蔵之

需雲雜方　부식류 · 식초

냄비
식품이나 음식을 끓이고, 삶고, 튀기고, 볶는 데 쓰이는 조리용 구로 손잡이가 고정되어 있으며 바닥이 편평하다.

고리초 만드는법
(造高里醋法)

재료 및 분량

누룩 5되, 고리 5되
청포, 종이 적당량

만드는 방법

1. 양지 바른 곳에 평편하고 반듯한 돌을 놓고, 먼저 그 가운데에 물이 새지 않는 독을 올려놓는다.

2. 여기에다 물을 놋소라와 질소라로 각 1개씩 붓고 좋은 누룩 5되, 고리 5되를 섞어 넣고 그릇으로 된 뚜껑을 덮는다.

3. 3일째 되는 날 중미(中米) 1말 1되를 깨끗이 씻어 물에 불려 애초에 되게 쪄서 김이 빠지기 전에 시루째 들어 독에 붓고 청포와 종이로 단단히 봉하고 다시 그릇으로 된 뚜껑을 덮는다.

4. 세이레(21일)가 지나면 쓴다. 그러나 한 달이 지나면 더 잘 익으므로 더욱 좋다. 독은 덮개 이불로 두껍게 싸 두고 다 먹을 때까지 쓴다. 만약 3동이를 만들려고 하면 질소라 1개 분량, 놋소라 2개 분량을 넣고 좋은 누룩 7되 5홉, 고리 7되 5홉을 섞어 독에 넣고 3일 후에 중미 1말 7되를 똑같은 방법으로 쪄 익혀 넣는다.

원문해석

양지바른 곳에 평편하고 반듯한 돌을 놓고, 먼저 그 가운데에 물이 새지 않는 독을 올려놓는다. 여기에다 물을 놋소라와 질소라로 각 1개씩 붓고 좋은 누룩 5되, 고리 5되를 섞어 넣고 그릇으로 된 뚜껑을 덮는다. 3일째 되는 날 중미(中米) 1말 1되를 깨끗이 씻어 물에 불려 애초에 되게 쪄서 김이 빠지기 전에 시루째 들어 독에 붓고 청포와 종이로 단단히 봉하고 다시 그릇으로 된 뚜껑을 덮는다. 세이레(21일)가 지나면 쓴다. 그러나 한 달이 지나면 더 잘 익으므로 더욱 좋다. 독은 덮개 이불로 두껍게 싸 두고 다 먹을 때 까지 쓴다. 만약 3동이를 만들려고 하면 질소라 1개 분량, 놋소라 2개 분량을 넣고 좋은 누룩 7되 5홉, 고리 7되 5홉을 섞어 독에 넣고 3일 후에 중미 1말 7되를 똑같은 방법으로 쪄 익혀 넣는다.

造高里醋法　馬川家法

向陽平處平正石枝中坎安擇不津缸坐置水鈴盆
陶盆各一汪入好麴五米高里五米净洗没初度乾熟持七叛
第三日中米一斗一米一汪入將麴陶盆一鈴盆二汪入將麴七米
瓮不歇氣納寬青布及紙堅封又以惡盖覆待消盡用
日用之恐一期方熟好瓮陶盆一鈴盆二盆厚覆待消盡
之若欲造高里七米五合納瓮第三日中米一斗七米如
五合高里七米五合
前法蒸納之

구절판

아홉 칸에 아홉 가지 재료를 담았다
고 하여 구절판이라고 한다. 원형과
정방형의 두 가지 종류가 있다.

사절초(四節醋)

재료 및 분량

정화수 1.6ℓ, 누룩 480g, 찹쌀 800g

만드는 방법

1. 병(丙)일 새벽에 정화수에다 좋은 누룩을 살짝 볶아 같이 항아리에 넣는다.

2. 정(丁)일 밝기 전에 찹쌀을 여러 번 씻어 쪄 익혀 김이 빠지지 않게 독에
   담고 복숭아나무 가지로 휘저은 후 단단히 봉하여 양지바른 곳에 두고
   세이레(21일) 후에 열고 쓴다.

원문해석

병(丙)일 새벽에 정화수 2말에다 좋은 누룩 3되를 살짝 볶아 같이 항아리에
넣는다. 정(丁)일 밝기 전에 찹쌀 1말을 여러 번 씻어 쪄 익혀 김이 빠지지
않게 독에 담고 복숭아나무 가지로 휘저은 후 단단히 봉하여 양지바른 곳
에 두고 세이레(21일) 후에 열고 쓴다.

四節醋
丙日曉頭井花水二平将麴三㪷微炒和納缸至丁
日未明粘米一斗而沉熟蒸不歇氣納甕挑枝攪之
堅封置陽地三七日後開用

곱돌번철
바닥이 약간 굽은 듯하면서도 편평
하여 전, 지짐이 등을 부치면 눌지
않고 기름이 쉽게 졸지 않는다.

병정초
(丙丁醋)

재료 및 분량

보리쌀 8kg, 찹쌀 5kg, 누룩 300g

만드는 방법

1. 보리쌀을 깨끗이 씻어 늘 술 담그는 방법대로 술을 빚는다.

2. 익기를 기다려 병(丙)일에 술을 걸러 항아리에 담고, 정(丁)일에 여러 번 씻
   어 쪄 익혀 김이 빠지기 전에 항아리에 담고 단단히 봉한 후에 둘러싼다.

*원문에 늘상의 술 담는 방법대로 술을 빚는다고 하였으니 누룩이 첨가되
었음을 짐작할 수 있다.

원문해석

보리쌀 3말을 깨끗이 씻어 늘상의 술 담그는 방법대로 술을 빚는다. 익기
를 기다려 병(丙)일에 술을 걸러 항아리에 담고, 정(丁)일에 찹쌀 2말을 여
러 번 씻어 쪄 익혀 김이 빠지기 전에 항아리에 담고 단단히 봉한 후에 둘
러싼다.

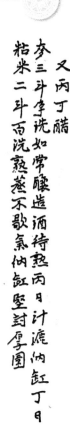

又丙丁醋
麥三斗淨洗如常釀造酒待熟丙日汁瀝納缸丁日
粘米二斗再洗熟蒸不歇氣納缸堅封厚圍

需雲雜方 **302** 부식류·식초

오지솥
큰 솥은 물을 데울 때, 중간 것은
밥을 지을 때, 작은 것은 국을 끓
일 때 사용한다.

창포초(菖蒲醋)

재료 및 분량

말린 창포 300g, 쌀 300g, 누룩 300g
청주 혹은 탁주 3ℓ

만드는 방법

1. 창포 흰 줄기 또는 뿌리 잘게 썬 것과 쌀을 가루로 내어 구멍떡을 만든다.

2. 좋은 누룩과 고루 섞어 항아리 바닥에 놓아둔다.

3. 곰팡이가 피기를 기다려 청주나 탁주를 부어 넣었다가 이칠일(14일)
   후에 쓴다.

원문해석

창포 흰 줄기 또는 뿌리 잘게 썬 것 3되와 쌀 3되를 가루로 내어 구멍떡을
만들고, 좋은 누룩 3되와 고루 섞어 항아리 바닥에 놓아둔다. 곰팡이가
피기를 기다려 청주나 탁주 1동이를 부어 넣었다가 이칠일(14일) 후에 쓴다.

菖蒲醋

菖蒲白莖或根細切三升米三升作末作孔餅將麴
三升和合付缸底待生毛漬酒中酒一盆鴻入缸二
七日後用之

97

도시락
찬합 이후에 만들어진 것으로 대나무
나 버들로 된 고리짝 형태, 얇은 판자
로 짠 정방형의 5층 도시락 등 재료와
형태가 다양하다.

목통초(木通醋)

재료 및 분량

으름 600g, 물 잠길 정도 2ℓ(10컵), 굵은 소금 5큰술

만드는 방법

1. 으름, 물, 소금을 섞어 독에 넣는다.

2. 독을 따뜻한 곳에 두었다가 3일 후에 쓴다.

*으름 한근에 400g 기준

원문해석

으름 30근, 물 3동이, 소금 살짝 3움큼을 섞어 독에 넣고 따뜻한 곳에 두었
다가 3일 후에 쓴다.

木通醋

木通三十斤水三盆鹽四七撮和倜瓮置溫處
三日用之

두부틀
직사각형의 나무상자로 되어 있고 바닥과 주변 사방에 작은 구멍을 여러 개 뚫어 두부를 담았을 때 물이 잘 빠지게 한다.

두부 만들기
(取泡)

재료 및 분량

콩 1말, 녹두 1되
염수, 냉수 적당량

만드는 방법

1. 콩과 녹두를 각각 거칠게 갈아서 껍질은 벗기고 물에 담가 불린다.

2. 불린 콩과 녹두를 곱게 갈아 올이 가는 포대에 넣고 찌꺼기가 없도록 거른다.

3. 가마솥에 넣고 끓이다가 넘치면 깨끗한 찬물로 솥의 가장자리를 따라 천천히 붓는다. 보통 세 번 넘치고 세 번 물을 부으면 익는다.

4. 두꺼운 석 거적을 물에 적셔 불 위에 덮어 불기를 끄고 염수를 냉수와 섞어 심심하게 해서 서서히 넣는다. 엉기면 보자기로 싸고 그 위를 고루 눌러 둔다.

*염수를 냉수와 섞어 넣을 때 너무 조급하게 넣으면 두부가 굳어져 좋지 않으므로 서서히 넣는다.

원문해석

콩 1말을 타서 껍질을 없애고 다시 녹두 1되를 따로 갈아 껍질을 없애고 물에 담근다. 불린 후에 천천히 곱게 갈아 올이 가는 포대에 넣고 걸러 찌꺼기가 없도록 정하게 하여 다시 거른다. 가마솥에 넣고 끓이다가 넘치면 깨끗한 찬물로 솥의 가장자리를 따라 천천히 붓는다. 대개 세 번 넘치고 세 번 물을 부으면 익는다. 두꺼운 석 거적을 물에 적시어 불 위에 덮어 불기를 끄고 염수를 냉수와 섞어 심심하게 해서 서서히 넣는다. 너무 조급하게 넣으면 두부가 굳어져 좋지 않으므로 서서히 넣는다. 엉기면 보자기로 싸고 그 위를 고르게 눌러 둔다.

取泡

太一斗磨破玄皮又綠豆一升別磨玄皮沉水待潤

後、細磨細布帛瀘之須精玄渾更瀘之入釜沸之

器盛別以冷净水從釜邊整下凡三溢三點水別起

矢以厚石皮瀘久覆火上絶穴氣監水和冷水至淡

後、若有忙心剣泡堅不好徐〜待凝眾

秋匀鎮其上

반병두리
놋쇠로 된 식기로 국수장국, 떡국, 비빔밥 등의 음식을 담는 데 주로 쓰인다.

장육법(藏肉法)

재료 및 분량

쇠고기 300g, 소금 200g, 물 2kg

만드는 방법

1. 삶은 쇠고기를 소금물에 잠깐 동안 푹 삶는다.

2. 식으면 독에 넣고 보관한다.

원문해석

삶은 쇠고기를 다시 소금물에 잠깐 동안 푹 삶아 익히고 식기를 기다려 독에 재워 넣으면 오래 지나도 상하지 않는다.

藏肉法
烹半熟肉続熱煮鹽水待冷盛瓦沉肉以枝久不敗

需雲雜方 부식류 · 과정류

104

삼발이

화로나 장작불 등의 불 위에서 고기를
굽기 위해 석쇠를 올려놓기도 하고
음식물을 끓이는 데 쓰는 취사용 기구.

동아정과
(東瓜正果)

재료 및 분량

동아, 조개가루, 꿀, 후춧가루 적당량

만드는 방법

1. 동아를 깨끗이 씻어 조각으로 잘라 조개가루를 섞어 하룻밤 재워 깨끗
   이 씻어 회분을 없앤다.

2. 동아에 꿀을 넣어 졸이다가 단맛이 사라지면 버리고 다시 꿀을 넣어
   졸인다.

3. 후춧가루를 뿌려 항아리에 담는다.

＊오래 보관해도 맛이 변하지 않아 좋다.

원문해석

동아를 적당한 조각으로 잘라 조개가루를 섞어 하룻밤 재워 깨끗이 씻어
회분을 없앤다. (여기에) 꿀을 넣어 졸이다가 꿀이 맛이 없어지면 들어내
고 다시 온전한 꿀을 넣어 졸여 후춧가루를 뿌려 항아리에 담는다. 오래 되
어도 새것과 같다.

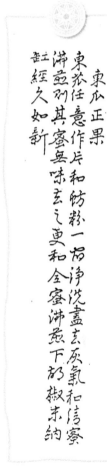

東瓜正果

東瓜任意作片和蛤粉一宿淨洗盡去灰氣和淸蜜
滿盃烈其蜜無味去之更和全蜜沸煮下胡椒末納
缸經久如新

105

需雲雜方 부식류 · 과정류

신선로
복판에 굴뚝을 두고 모양은 주둥이가
위로 난 당구호(唐口壺)입이 좁고 복
부가 벌어진 항아리)로 뚜껑이 있다.

생강정과
(生薑正果)

재료 및 분량

생강 300g, 꿀 600g

만드는 방법

1. 생강은 껍질을 벗겨 얇게 저민다.

2. 냄비에 생강, 꿀을 넣고 약불에서 1시간 정도 오래 졸인다.

원문해석

생강을 껍질을 벗기고 얇게 썰어 꿀물에 오래 졸인 다음 물을 없애고 다시
완전한 꿀과 섞어 졸인 후 저장하고 쓴다.

需雲雜方

부식류 · 과정류

전골냄비
전골틀, 벙거지골이라고도 부른다.
무쇠로 된 철제 제품이 주류를 이루
나 곱돌로 된 것도 있다

다식법(茶食法)

재료 및 분량

밀가루 800g, 꿀 50g, 참기름 1작은술, 청주 ¾컵 (165g)

만드는 방법

1. 밀가루, 꿀, 참기름, 청주를 고루 섞어 한 덩어리로 만든다.

2. 작은 덩어리로 떼어 다식틀에 찍어내고 숯불에 굽는다.

3. 색이 노릇노릇하게 익으면 꺼낸다.

원문해석

밀가루 1말, 좋은 꿀 1되, 참기름 2홉, 청주 작은 잔으로 3잔을 고루 섞어
안반 위에서 한 덩어리로 주물로 만든다. 이것을 적당히 작은 (원문 없음 :
덩어리)로 떼어내어 여러 모양의 틀에 찍어 낸 후 쟁개비 밑에 숯불을 피고
굽는다 잠깐 있다 뚜껑을 열어 보아 그 색이 (원문 없음 : 노릇기리하게
말라 있으면) 익은 것이니 꺼내어 쓴다.

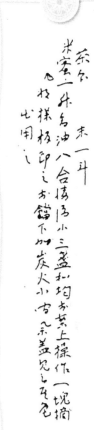

109

도시락
찬합 이후에 만들어진 것으로 대나무
나 버들로 된 고리짝 형태, 얇은 판자
로 짠 정방형의 5층 도시락 등 재료와
형태가 다양하다.

엿 만들기(飴糖)
-현재 엿도가에서 쓰는 좋은 방법

재료 및 분량

멥쌀 1kg, 물 1.8ℓ
엿기름가루 500g, 밀가루 적당량

만드는 방법

1. 멥쌀은 깨끗이 씻어 푹 쪄 익혀 밥을 짓고 뜨거울 때 항아리에 넣는다.

2. 밥 지은 솥에 물을 붓고 끓인 후 65℃ 정도로 익혀서 밥을 넣은 항아리에 붓는다.

3. 엿기름가루를 냉수에 섞어 항아리에 붓고 고루 저어 온돌에 두고 웃가지로 두껍게 덮어둔다.

4. 밥알이 삭아서 동동 뜨면 천으로 짜서 즙을 솥에 붓고 약한 불로 여러 번 저어가며 색이 황홍색이 될 때까지 졸인다.

5. 밀가루를 반상에 뿌리고 그 위에 엿을 쏟아 놓고 굳기를 기다리고 당겨서 색이 희게 되게 한다.

*온돌에 둘 때 밥을 두 번 지을 때까지 기다려 맛을 보아 달면 좋은 것이고, 약간 시면 질이 낮은 것으로 너무 오래 싸두지 않는다.

원문해석

멥쌀 1말을 깨끗이 씻어 푹 쪄 익혀 밥을 짓고 뜨거울 때 항아리에 넣는다.
그런 즉시 밥 지은 솥에 깨끗한 물 10사발을 넣고 팔팔 끓여 밥에 붓는다.
가을 엿기름 곱게 가루 낸 것 1되를 냉수에 섞어 항아리에 붓고 나무로
고르게 저어 온돌에 두고 웃가지로 두껍게 덮어둔다. 밥 두 번 지을 때까지
기다려 맛을 보아 달면 좋은 것이고, 약간 시면 질이 낮은 것으로 너무
오래 싸두었기 때문이다. 이것을 천으로 짜서 즙을 솥에 붓고, 약한 불로
여러 번 저어가며 졸인다. 휘젓지 않으면 솥바닥에 눌어붙는다. 색이 황홍
색이 되면 쓴다. 밀가루를 반상에 뿌리고 그 위에 엿을 쏟아 놓고 굳기를
기다리고, 당겨서 색이 희게 되면 쓴다.

篤底布其缸十中米飴
限色故味以鉎以佛水糖
黄取則末湯注用今
紅汁甘挽注其細
匀寫為之飯饤
用罪飯罪置稅稇高
真以上稍溫細果示
末微稅坎末
布火碩則一作飯
蓋之飯乘
上数最升熱
寫最厚待盛
于攪置最冷缸
上之故置水即
待别也故炊炊
淡煎二须飯飯将
引的須二净
之飯宜須淨
色以水水

111

수운잡방

一五○○년대 한국전통음식

제2부 전통주

'수운잡방(需雲雜方)' 본문은 필체가 다른 두 부분으로 구분할 수 있는데, 전반부는 삼해주(三亥酒)부터 수장법(水醬法)까지 86항목이 들어 있고 후반부는 삼오주(三午酒)부터 다식법(茶食法)까지 35가지의 음식조리법이 적혀 있다. 이 중 술 빚는 방법이 60여 항목으로 책의 절반을 차지할 정도로 가장 많다.

'수운잡방(需雲雜方)' 제2부 전통주편에서는 삼오주, 만전향주, 두강주, 백자주, 도인주, 이화주, 진상주 등 42종의 전통주를 수차례에 걸친 실험조리를 통해 현대화한 레시피로 재현하여 사진과 함께 수록하였다.

需雲雜方 전통주

114

앵병

병이라고 보기엔 목이 너무 짧은 형
태의 앵병은 청주나 막걸리를 담아
보관하거나 가을철에 판지를 담을 때
이용하는 질그릇이다.

조곡법(造麯法)

재료 및 분량

밀기울 2kg, 녹두 200g

만드는 방법

1. 6월 첫 인일(寅日)에 녹두를 물에 담가 거피하고 갈아 즙을 내서 밀기울
   과 잘 버무려 손으로 단단히 쥐어 누룩덩이를 만든다.

2. 누룩덩이마다 닥나무 잎으로 두껍게 싸고 따로따로 단단히 묶어 처마에
   매달아 띄운다.

3. 띄워지면 볕에 말려 놓고 쓴다.

원문해석

6월 첫 인(寅)일에 녹두를 껍질 벗기고 곱게 가루 내어 묽은 죽과 같은 즙을
만들어 밀기울과 섞어 둥근 누룩 덩어리를 만든다. 누룩 덩이마다 닥나무
잎으로 두껍게 싸고 따로따로 종이로 싸서 단단히 묶어 처마 밑에 매달아
띄운다. 띄워지면 볕에 말려 쓴다. 녹두 3말에 밀기울 4말의 비율이 예이다.

造麯法
六月上寅〻菉豆去皮細末作汁水磨粥和麥麩匀
成曲堨〻墨椄葉厚絁暴於堅縛〻各横頭待蒸然
晒札用〻菜豆三斗〻麥麩四斗如例

옹기장군

산간지방이나 고지대 사찰에서 장군을 등에 지고 다니면서 술이나 물 등을 운반, 저장하는 데 이용해왔다.

삼오주(三午酒)

재료 및 분량

밑술 : 밀가루 2kg, 누룩 2kg, 끓여 식힌 물 10ℓ
덧술 I : 멥쌀 2kg
덧술 II : 멥쌀 2kg
덧술 III : 멥쌀 2kg

만드는 방법

*밑술
1. 정월 첫 오일(午日)에 밀가루와 누룩을 끓여 식힌 물에 섞어 항아리에 담아 20~23℃에 12일간 둔다. 하루에 2회 저어준다.

*덧술 I
2. 정월 둘째 오일(午日)에 멥쌀은 깨끗이 씻어 물에 담갔다 고두밥을 폭 익게 찌고 더운 김이 나가기 전에 (30~40℃) 먼저 넣은 밑술에 버무려 20~23℃에 12일간 둔다.

*덧술 II
3. 정월 셋째 오일(午日)에 멥쌀을 2와 같은 방법으로 하여 2의 밑술에 버무려 12일간 둔다.

*덧술 III
4. 정월 넷째 오일(午日)에 멥쌀을 2와 같이 하여 3의 밑술에 버무려 단옷날에 사용한다.

*정월 첫 오일(午日)에 밀가루 2kg의 재료를 쓴 것이 첫 번째 밑술의 의미가 있다. 모두 오일(午日)만을 택하여 3번 담금 한 것이다.

원문해석

정월 첫 오일(말의 날)에 밀가루 7되와 좋은 누룩 7되를 냉수 4동이에 섞어 독에 넣고 차지도 덥지도 않은 곳에 둔다. 둘째 오일에 멥쌀 5말을 여러 번 씻어 하룻밤 물에 담가 쪄서 익혀 더운 김이 빠지기 전에 먼저 빚은 술독에 넣는다(덧술로 한다). 셋째 오일에 멥쌀 5말을 여러 번 씻어 폭 쪄서 김이 빠지기 전에 빚은 술독에 넣는다. 넷째 오일에 멥쌀 5되를 같은 방법으로 섞어 단옷날이 되면 쓴다.

三午酒

正月初午日米子斗百洗沉宿翌日乃更洗細末沉
又三大盆和作粥待冷煮曲三升生末三升和入瓮
二午净席乃盖盃瓮二斗百洗宿翌日又末三斗净
席白米子斗净洗宿翌乃蒸以捧子大作細末油净
席上和冷和匀又乃入瓮三午白米子斗又作細
饼布如洗沉宿翌乃又匀又乃洗細末油
二斗百净席沉宿翌
又蒸以捧子大作饼
另米子斗净
沉宿翌和匀
临入瓮端午

사오주(四午酒)

재료 및 분량

밑술 : 밀가루 2kg, 누룩 2kg, 끓여 식힌 물 10ℓ
덧술 I : 멥쌀 2kg
덧술 II : 멥쌀 2kg
덧술 III : 멥쌀 2kg
덧술 IV : 멥쌀 2kg

만드는 방법

1. 정월 첫 오일(午日)에 물을 끓여 식혀 독에 먼저 붓는다.

2. 좋은 누룩을 가루로 내어 독에 넣고 밀가루를 같이 넣어 섞는다.

★덧술 I
3. 멥쌀을 깨끗이 씻어 물에 담갔다 건져 가루로 내어 백설기로 찐 다음 식
   으면 위의 독에 넣고 잘 저어서 20~23℃에 둔다.

★덧술 II
4. 둘째 오일(午日)에 (10~12일후) 멥쌀을 깨끗이 씻어 물에 담갔다 가루로
   내어 백설기로 쪄서 식으면 밑술과 섞어(밑술 항아리에 넣어) 잘 풀어지
   도록 저어주면서 발효시킨다.

★덧술 III, 덧술 IV
5. 셋째 오일, 넷째 오일에도 같은 방법으로 덧술 하여 단단히 봉해두었다
   4월 20일(음력)에 열어보면 독 밑까지 맑아 빛깔은 가을 이슬과 같다고
   한다.

★사오주(四午酒)는 삼오주(三午酒)보다 한 번 더 담금 하여 오일(午日)에
만 4번 덧 담금 한다.

원문해석

정월 첫 오일(말의 날)에 물 8동이를 팔팔 끓여 식힌 후 독에 붓고 좋은 누
룩 1되를 곱게 가루 내어 체로 거듭 쳐서 독에 넣는다. 밀가루 7되를 다시
체로 쳐서 또 독에 넣고 멥쌀 1말을 여러 번 씻어 고운 가루로 풀어 쪄서 익
혀 덩어리를 풀고 식기를 기다려 독에 넣고 고루 섞어 차지도 덥지도 않은
곳에 둔다.
다음 오일에 멥쌀 5되를 여러 번 씻어 먼저 방법과 같이 하여 단단히 막아
두었다가 4월 20일에 열어 보면 독 밑바닥까지 맑게 개어 가을 이슬 같은
색을 띄면 떠서 쓴다. 그 찌꺼기는 마치 이화주와 같아 물을 섞어 마시면
맛이 좋다. 또한 소곡주라 하기도 한다. 다른 방법은 물 7동이에 누룩 3되
와 밀가루 5되를 쓴다.

四午酒
正月初午日水八盆沸湯待冷先注瓮中好麴一升
細末重篩入瓮真末七升又入瓮白末一斗百
洗細末解熱蒸解堆待冷入瓮和攪置不寒不熱寘
次午日白米五斗百洗如右法堅封四月二十日開
見則澄清到底色如秋露挹而用之其滓正如
花酒和水飲之甚佳一法水七盆麴三如麴三真末五升

119

전통주

지승호리병

호리병은 술이나 물을 넣어가지고
다니는 휴대용 병으로 오지나 백자,
나무의 속을 파서 만든다.

만전향주
(滿殿香酒)

재료 및 분량

밑술 : 멥쌀 2kg, 누룩 500g, 끓는 물 2.5~3ℓ
덧술 : 멥쌀 4kg, 누룩 400g, 끓는 물 5~6ℓ

만드는 방법

*밑술

1. 멥쌀은 깨끗이 씻어 물에 담갔다 건져 가루로 내어 끓는 물로 개어 죽을
   만든다.

2. 죽이 차게 식으면 누룩을 섞어 독에 넣는다.

*덧술

3. 밑술을 담고 7일 후 멥쌀을 깨끗이 씻어 담갔다 건져 고두밥을 잘 익게
   찐 다음, 끓는 물을 섞어 차게 식힌다.

4. 3에 누룩과 밑술을 섞어 항아리에 담근 후 7일 이후 술독 위가 맑아지면
   채주한다.

원문해석

멥쌀 1말을 여러 번 씻어 하룻밤 물에 담근 후 곱게 가루 내어 끓는 물 3사
발로 개어 죽을 만든다. 식은 후 누룩 2되를 섞어 독에 넣는다. 7일 후 멥쌀
2말을 여러 번 씻어 하룻밤 물에 담근 후 푹 찐 다음 끓는 물 6사발과 섞어
식힌 후 누룩 2되와 섞어 독에 넣는다. 7일을 기다려 독의 윗부분이 맑아지
면 거른다.

滿殿香酒
白米一斗百洗浸宿細末阿水三鉢作待冷麴二升
和納瓮隔七日米二斗百洗浸宿金蒸冯水又鉢和
交待冷麴二升和納瓮待七日甕頭清上槽

주병
술병 중에서 넓고 긴 목이 수직으로 달려 있고 입구가 넓은 술병을 '광구병(廣口甁)'이라고 한다.

두강주(杜康酒)

재료 및 분량

밑술 : 멥쌀 2kg, 누룩 800g, 끓는 물 3ℓ
중밑술 : 멥쌀 2kg, 끓는 물 3ℓ
덧술 : 멥쌀 3kg

만드는 방법

*밑술
1. 멥쌀을 깨끗이 씻어 물에 담갔다 건져 가루로 내어 끓는 물로 개어 죽을 만든다.

2. 죽이 차게 식으면 누룩을 섞어 독에 넣는다.

*중밑술
3. 7일이 지난 후 멥쌀을 위와 같이 가루로 내어 끓는 물로 개어 죽을 만들어 밑술과 버무려 독에 넣는다.

*덧술
4. 7일이 지난 후 멥쌀을 깨끗이 씻어 물에 담갔다 건져 고두밥을 찐다.

5. 미리 끓여 식혀 놓은 물과 3의 중밑술을 섞는다.

6. 식은 고두밥을 5와 같이 잘 버무려 항아리에 담고 2주간 발효시킨다.

원문해석

멥쌀 5말을 여러 번 씻어 하룻밤 물에 담갔다가 곱게 가루 내어 끓는 물 14사발로 죽을 만들어 식힌 후 좋은 누룩 1말과 섞어 독에 넣는다. 만 5일 후에 멥쌀 5말을 먼저와 같은 방법으로 섞어 넣는다. 또 5일이 지난 후 멥쌀 5말을 여러 번 씻어 하룻밤 물에 담가 두었다가 푹 찐 후 김이 빠지기 전에 독에 넣고 익기를 기다려 거른다.

杜康酒
白米五斗百洗浸宿細末沸水十四銚作粥待冷兩
麴一斗和納瓮陶五日白米五斗如右法和納又滿
五日白米五斗百洗一宿全蒸不歇氣納瓮待熟上
糟

이형귀땡동이
몸체의 어깨 또는 바닥 부분에 귀때를 붙였다. 술을 거를 때 횟도리를 쓰지 않고 다른 그릇에 바로 옮겨 담을 수 있다.

칠두주(七斗酒)

재료 및 분량

밑술 : 멥쌀 2.5kg, 누룩 800g, 밀가루 200g, 끓는 물 3.5ℓ
덧술 : 멥쌀 4.5kg, 끓는 물 5.5ℓ

만드는 방법

★밑술

1. 멥쌀을 깨끗이 씻어 담갔다 건져 곱게 가루를 내어 끓는 물에 개어 죽을 만든다.

2. 죽이 차게 식으면 누룩가루와 밀가루를 섞어 항아리에 담는다.

★덧술

3. 7일 후 멥쌀을 깨끗이 씻어 물에 담갔다 건져 고두밥을 잘 익게 찐다.

4. 끓는 물에 고두밥을 고루 풀어서 식으면 밑술과 버무려 항아리에 담근 후 술이 익으면 채주한다.

원문해석

멥쌀 2말 5되를 여러 번 씻어 하룻밤 물에 담근 다음 곱게 가루 내어 끓는 물 3말로 죽을 만들어 식힌 후 누룩 5되, 밀가루 2되를 섞어 독에 넣는다. 만 3일 후 멥쌀 4말 5되를 여러 번 씻어 완전히 익힌 다음 끓는 물 5말로 먼저 술과 고루 저어 섞고 독에 넣고 익기를 기다려 거른다.

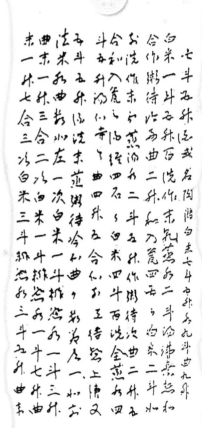

술잔
술을 따라 마시는 그릇으로
잔, 주배(酒杯)라고도 한다.

감향주(甘香酒)

재료 및 분량

밑술 : 멥쌀 2kg, 누룩 600g, 밀가루 200g
덧술 : 찹쌀 3kg, 끓여 식힌 물 3ℓ

만드는 방법

*밑술
1. 멥쌀을 깨끗이 씻어 물에 담갔다 건져 곱게 가루 낸다.

2. 끓는 물에 익반죽하여 구멍떡을 만들고 끓는 물에 삶는다.

3. 구멍떡을 건져 차게 식으면 누룩가루와 밀가루를 섞어 닥나무 잎이나
   연잎으로 싸서 항아리에 담는다.

*덧술
4. 3일째 되는 날(겨울에는 7일 후) 찹쌀을 깨끗이 씻어 물에 담갔다 건져
   고두밥을 잘 익도록 물을 뿌려가며 푹 익게 찐다.

5. 밑술을 체에 걸러 차게 식힌 고두밥과 끓여 식힌 물을 잘 버무려 덧술을
   빚어 항아리에 담는다.

6. 25℃에서 5~6일 지난 후 채주한다. (온도에 따라 기간이 다름)

원문해석

멥쌀 2말을 여러 번 씻고 곱게 가루 내어 끓는 물 1말로 죽을 만들어 식힌
다음, 누룩 1되와 섞어 독에 넣는다. 겨울이면 7일, 여름이면 3일, 봄·가을
5일 후에 찹쌀 2말을 여러 번 씻어 푹 찐 후 식기를 기다려 먼저 담근 술과
섞어 독에 넣는다. 7일이 지나면 쓴다.

甘香酒

白米二斗百洗細末作孔餅熟烹待冷眞末五斗細
付布重下和麴楮葉均包第三日粘米二斗而洗熟
水一盆沈宿又三日挹出以沈水酒蒸待冷出和酒
和納甕五六日方熟用之

127

누룩고리
술의 주원료인 누룩을 성형하기 위한
용기로 누룩틀이라고도 한다.

백자주(栢子酒)

재료 및 분량

멥쌀 1.5kg, 찹쌀 1.5kg, 누룩 600g~700g
잣(백자 : 栢子) 800g~1kg, 끓여 식힌 물 4~4.5 ℓ

만드는 방법

1. 잣을 깨끗이 씻어 물을 넣어 곱게 갈아서 껍질과 찌꺼기를 걸러낸 후 끓인다.

2. 멥쌀과 찹쌀을 깨끗이 씻어 물에 담갔다 건져 가루 내어 백설기를 찐 다음 1과 섞는다.

3. 위에 버무린 것이 식으면 누룩가루를 섞어 항아리에 넣고 맑게 익으면 채주한다.

*방광(膀胱)이 냉한 것을 치료하고 두풍(頭風)과 백사(白蛇)를 없앤다.

원문해석

콩팥과 방광이 냉한 것을 다스리고 두풍, 백사 및 치매 들린 것을 없앤다. 백자 1말을 아주 깨끗이 씻어 곱게 찧은 다음 물 4말을 넣고 체로 껍질과 찌꺼기를 걸러 없애고 펄펄 끓인다. 멥쌀 1말 5되와 찹쌀 1말 5되를 여러 번 씻어 곱게 가루 내어 쪄 익힌 다음 먼저의 끓인 물 4말과 섞어 술밑을 만든다. 식기를 기다려 누룩가루 3되와 섞어 독에 넣고 맑아지기를 기다려 거른다.

栢子酒治腎中苓膀胱主頭風百邪鬼魅
栢子一斗搥洗稠搗水甲斗篩瀘之去皮滓滓淘白
米一斗五升粘米一斗五升百洗稠末熟蒸和右同
水四斗作醅待冷麴末三升和納瓮待清上槽

누룩고리

누룩고리는 나무와 짚을 이용해 만든
것이 주류를 이루는데, 대리석을 깎아
만든 석불과 쇠를 녹여 만든 주물형태
의 것도 있다.

호도주(胡桃酒)

재료 및 분량

밑술 : 멥쌀 1kg, 누룩 500g, 호두 200g, 끓는 물 1.25ℓ
덧술 : 멥쌀 2kg, 누룩 200g, 호두 200g, 끓는 물 2.5ℓ

만드는 방법

*밑술
1. 멥쌀을 깨끗이 씻어 담갔다 건져 곱게 가루 낸다.

2. 끓는 물을 섞어 범벅처럼 만들고 차게 식힌다.

3. 껍질 깐 호두를 곱게 갈아 누룩과 함께 버무려 항아리에 담는다.

*덧술
4. 멥쌀을 깨끗이 씻어 담갔다 건져 고두밥을 잘 익게 찐다.

5. 끓는 물에 고두밥을 넣어 고루 푼 다음 차게 식힌다.

6. 누룩과 껍질 깐 호두를 곱게 갈아서 밑술과 함께 버무려 항아리에 담는다.

원문해석

오로칠상(五勞七傷)을 다스리고 부족한 기를 보충한다. 멥쌀 1말을 여러
번 씻어 곱게 가루 내어 팔팔 끓인 물 1말을 섞어 떡을 만든다. 식기를 기다
려 호두 5홉을 곱게 갈아 누룩 5되와 고루 섞어 독에 넣고 익도록 기다린
다. 멥쌀 3말을 여러 번 씻어 찐 밥에 물 3말을 고루 섞어 식힌 후 누룩 3되,
호도열매 1되 5홉을 곱게 갈아 먼저 방법과 같이 섞어 독에 넣는다. 익기를
기다려 쓴다.

胡桃酒治五勞七傷補氣不足
白米一斗百洗細末水一斗拯煴和勻㕮咀待冷
胡桃五合細研麴五幷調和納瓮待然以粟三斗百
洗蒸飯水三斗和勻待冷麴三幷實捌桃一升五
合細研和煎㳘納瓮待熟用〰

131

소주고리
술밑을 무쇠솥에 넣고 끓여서 증발해
오른 알코올 성분을 식혀서 흘러내리
게 하는 일종의 증류기이다.

상실주(橡實酒)

재료 및 분량

밑술 : 찹쌀 2kg, 도토리가루 800g, 누룩 800g, 끓는 물 3ℓ
덧술 : 찹쌀 3kg, 끓는 물 4ℓ

만드는 방법

*밑술
1. 찹쌀을 깨끗이 씻어 담갔다 가루 내고 도토리가루를 잘 섞어서 푹 익게
   찐 다음 끓는 물에 섞어서 차게 식힌다.

2. 곱게 법제한 누룩가루와 잘 버무려 항아리에 담는다.

*덧술
3. 찹쌀을 깨끗이 씻어 담갔다 가루 내고 푹 익게 쪄서 끓는 물에 풀어준다.

4. 식으면 밑술과 섞어서 넣은 후 맑은 술이 고이면 채주한다.

*찌꺼기는 햇볕에 말려 저장해두었다 쓰면 좋다. 즉, 산행이나 사냥, 허갈이
날 때 냉수에 이것을 타서 마시면 몸이 가벼워지고 팔에 힘이 난다고 한다.

원문해석

도토리 쌀 1섬을 흐르는 물에 담가 오래 우려내어 거친 가루를 햇볕에
말려 곱게 가루 낸다. 찹쌀 6말을 여러 번 씻어 곱게 가루 내어 함께 섞어
푹 찐다. 식기를 기다려 2가지를 합한 것 2말당 좋은 누룩 3되꼴로
섞어 독에 넣고 익도록 기다린다. 찹쌀을 곱게 가루 내어 1동이 죽을
만들어 독에 넣는다. 술이 바닥까지 맑게 가라앉으면 떠서 청주로 쓴다.
나머지 묽은 찰 죽은 거두어서 거른 후 그 찌꺼기는 햇볕에 말려 보관하여
멀리 여행할 때 먹으면 좋다. 3~4월에 매사냥 시 오후에 하인들이 허갈져
하면 냉수에 섞어 마시면 몸이 가벼워지고 팔 힘이 세진다.

橡實酒
橡實米一伯沉流水久潤濾去汁和細末和粘末六斗
日洗細末和合熟蒸待冷和納甕待熟粘末作粥一盆納甕
用以清湯生乃粘末准納其上檀後其潭汤乃藏之
甕行服之為約三四月放鷹時午後下人虚福冷水
和飲之輕身健勝力

需雲雜方

전통주

술자루
술을 빚을 때, 또는 술을 걸러낼 때
주원료인 술밥과 누룩, 술비탕을
담는 자루이다.

하일약주 (夏日藥酒)

재료 및 분량

밑술 : 멥쌀 2kg, 누룩 800g, 끓는 물 2ℓ
덧술 : 멥쌀 2kg, 찹쌀 1kg, 끓여 식힌 물 4ℓ

만드는 방법

*밑술
1. 멥쌀을 깨끗이 씻어 담갔다 건져 가루로 내어 끓는 물을 섞어 죽을 만든다.

2. 죽이 차게 식으면 누룩을 섞어 항아리에 담는다.

*덧술
3. 여름에 3일 후(기온이 낮을 때는 7일 후) 멥쌀과 찹쌀을 섞어서 깨끗이
  씻어 담갔다 건져 고두밥이 잘 익게 찐다.

4. 미리 끓여 식힌 물과 고두밥을 밑술과 잘 섞어 항아리에 담는다.

5. 23~25℃에서 7일을 둔 후 채주한다.

원문해석

멥쌀 3말을 여러 번 씻어 곱게 가루 내어 끓는 물 7사발로 죽을 만든다. 식
기를 기다려 누룩 5되를 섞어 술을 빚는다. 3일 후에 멥쌀 4말, 찹쌀 1말을
여러 번 씻어 푹 찐 후 끓는 물 5말과 섞는다. 식기를 기다려 먼저 빚은 술
과 섞어 술을 빚는다. 7일이 지나면 쓴다.

夏日藥酒
白米三斗百洗細末湯水七鉢作粥待冷麴五升和
釀隔三日白米四斗粘米一斗百洗全蒸湯水五斗
和待冷前酒和釀經吉用之

쳇도리
술이나 참기름 등의 액체를 주둥이가
좁은 그릇에 옮겨 담기에 편리하도록
만든 용구로 밑에 작은 구멍이 뚫려
있으며 '깔대기' 라고도 한다.

하일청주 (夏日淸酒)

재료 및 분량

찹쌀 3kg, 누룩 600~700g, 끓는 물 5~6 ℓ

만드는 방법

1. 찹쌀을 깨끗이 씻어 담갔다 건져 다시 끓는 물에 1일간 담갔다 건져 고두밥을 찐다.

2. 1의 쌀 담갔던 물을 다시 끓여 고두밥에 섞어 차게 식힌 다음 누룩을 섞어 술을 빚는다. 밥알이 뜨면 채주한다.

*누룩을 배주머니에 넣어 담그면 오래 되어도 맛이 변하지 않는다.

원문해석

찹쌀 3말을 여러 번 씻어 끓는 물 2동이에 3일간 담가 우려내어 쪄 익히고, 앞의 (우려낸) 물을 다시 끓여 밥과 섞어 식힌 후 누룩 6되를 섞어 술을 빚는다. (밥알이) 개미처럼 뜨면 쓴다. 누룩을 주머니에 싸서 담그면 오래 되어도 맛이 변하지 않는다. 술이 많고 적음은 뜻대로 빚는다.

夏日淸酒
粘米三斗百洗湯水二盆浸三日流出熱煑前水夏
湯和餴待冷麴六升和釀儀浮用之暑couple麴沈之弓
雖久不變味多少任意釀之

137

需雲雜方 전통주

체판

체를 받치는 판으로 '술거르개' 라고
도 하며 체를 이용하여 술이나 간장
을 거를 때 사용한다.

하일점주
(夏日粘酒)

재료 및 분량

찹쌀 3kg, 누룩 800g, 끓여 식힌 물 4.5ℓ

만드는 방법

1. 찹쌀을 깨끗이 씻어 끓여 식힌 물에 담가둔다.

2. 3일이 지난 후 찹쌀은 고두밥을 찌고 쌀 담갔던 물을 다시 끓인다.

3. 모두 차게 식힌 후 누룩과 섞어 술을 빚어 항아리에 넣는다.

4. 23~25℃에서 7일을 둔 후 익으면 채주한다.

원문해석

찹쌀 2말을 여러 번 씻어 독에 넣고 뜨거운 물 한 동이를 붓고 3일을 기다린
다. 이 물을 다시 끓이고 찐 밥이 식기를 기다린다. 다음날 누룩 4되와 섞어
술을 빚는다. 7일이면 익는다. 또, 찹쌀 1말을 여러 번 씻어 독에 넣고 뜨거
운 물과 같이 독에 넣는다. 3일이 지나서 쌀을 쪄 익히고, 똑같이 끓인 물과
섞고 누룩 1되와 술을 빚는다. 7일이면 맑아지며 구더기 같은 밥알이 뜬다.

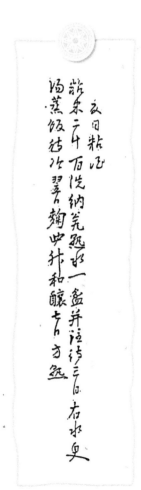

需雲雜方 전통주

술춘
입구가 좁고 목이 짧은 반면 어깨는
밋밋하다. 주로 오지그릇이 사용되었
으며 술 이름을 새기기도 했다.

진맥소주
(眞麥燒酒)

재료 및 분량

밀 또는 보리 3kg, 누룩 1kg, 끓여 식힌 물 5ℓ

만드는 방법

1. 밀 또는 보리를 깨끗이 씻어 물에 담갔다 건져 푹 익도록 고두밥을 찐다.

2. 고두밥과 누룩을 함께 찧어서 물을 부어 잘 버무려 항아리에 담는다.

3. 술이 다 되면 채주하여 소줏고리로 증류한다.

원문해석

밀 1말을 깨끗이 씻어 무르게 찐다. 좋은 누룩 5되와 함께 찧어서 독에 넣
고 냉수 1동이를 넣고 섞는다. 5일째 되는 날에 술을 고면 술 4복자가 나오
는데 아주 독하다.

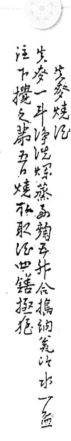

주전자
주로 술이나 차를 담는 데 사용되는
용기로서 재질에 따라 놋쇠, 자기, 오지,
사기, 백통, 청동 주전자 등이 있다.

일일주(一日酒)

재료 및 분량

끓여 식힌 물 4ℓ, 누룩 600g, 좋은 술(生酒) 1ℓ
멥쌀 3kg

만드는 방법

1. 물에 누룩과 좋은 술(生酒)을 섞어서 항아리에 담는다.

2. 멥쌀을 깨끗이 씻어 물에 담갔다 건져 고두밥이 잘 익도록 찐다.

3. 더울 때 1의 항아리에 넣은 다음 따뜻한 곳(25~28℃)에 하루 동안 둔다.

4. 하루 만에 익으면 채주한다.

원문해석

물 3말, 좋은 누룩 2되, 좋은 술 1사발을 섞어 새지 않는 독에 넣는다. 멥쌀
1말을 깨끗이 씻어 쪄 익힌 후 김이 빠지기 전에 물소리를 내지 않도록 독
에 넣고, 젓지 않고 따뜻한 곳에 놓아두면 아침에 빚은 술은 저녁이면 익
고, 저녁에 빚은 술은 아침이면 익는다.

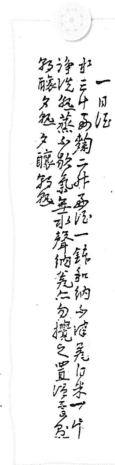

용수
맑은 술을 거르는 데 사용하는 기구이
다. 주로 대나무나 싸리를 이용, 둥글
고 긴 원통형의 바구니처럼 만든다.

도인주(桃仁酒)

재료 및 분량

도인 50개, 청주 1병

만드는 방법

1. 도인을 물에 담갔다가 껍질을 벗긴 다음 뾰족한 배아는 떼어낸다.

2. 청주를 부어 분마기 또는 믹서기에 간 후 고운체에 걸러 항아리에 담아 봉하고 솥에 띄워 중탕한다.

3. 술 빛이 누런빛을 띠면 좋은 것이라 한다.

★매일 아침 데워서 한 종지씩 마신다.
★살구씨 껍질을 벗기려면 물에 담가서 하면 수월하다.

원문해석

도인 500개를 껍질을 벗기고, 뾰족한 곳과 쌍둥이는 버린다. 청주 3병을 부어가며 '물갈기'를 하여 고운 명주로 걸러 물이 새지 않는 항아리에 넣고 입구를 막고 솥에 띄어 중탕한다. 쓸 때에 술 빛이 누르면 좋은 것이 된다. 매일 아침에 따뜻하게 한 종지씩 복용한다. 껍질을 벗길 때 물에 담그면 수월하다.

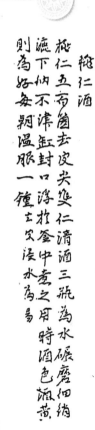

桃仁酒
桃仁五百箇去皮尖雙仁清酒三瓶為水碾磨細納下缸封口浮扵釜中煮之用時酒色瓶黃則為好每朝溫服一鍾去尖浸水為易

145

푼주

양이 적고 간단한 생채나 숙채를 버무릴 때나 식품을 소금이나 간장에 절일 때 사용한다.

유하주(流霞酒)

재료 및 분량

밑술 : 멥쌀 1kg, 누룩 300g, 밀가루 100g, 끓는 물 1.25ℓ
덧술 : 멥쌀 1.5kg, 끓는 물 2.25ℓ

만드는 방법

*밑술
1. 멥쌀을 깨끗이 씻어 물에 담갔다 건져 곱게 가루 낸다.

2. 끓는 물에 넣어 개어 죽을 만든 다음 차게 식으면 누룩과 밀가루를 섞어 항아리에 담는다.

*덧술
3. 7일 후 멥쌀을 깨끗이 씻어 물에 담갔다 건져 고두밥을 잘 익도록 찐다.

4. 고두밥과 끓는 물을 섞은 후 차게 식힌 다음 밑술과 버무려 넣는다.

5. 23℃에서 2~3주 후 익으면 채주한다.

원문해석

멥쌀 2말 5되를 여러 번 씻어 하룻밤 물에 담갔다가 곱게 가루 내어 끓는 물 2말 5되로 죽을 만든다. 반쯤 익힌 죽을 좋은 누룩가루 3되 5홉, 밀가루 1되를 섞어 독에 넣는다. 7일 후 멥쌀 5말을 여러 번 씻어 하룻밤 물에 담갔다가 완전히 찌고, 끓는 물 5말에 밥을 섞어 식힌 후 앞에 빚은 술을 내어 섞은 후 독에 넣는다. 이칠일(14일) 후 익기를 기다려 쓴다.

流霞酒
白米二斗五米百洗浸一宿細末湯水二斗五米作
粥令半生半熟待冷好麴末三升五合真末一米和
納甕七日後白米五斗百洗浸一宿全蒸湯水五斗
和飯待冷出前酒和納甕二七日後待氣用之

바구니
주로 곡식 등의 농산물을 갈무리하거
나 말리는 데 사용된다.

이화주조국법
(梨花酒造麴法)

재료 및 분량

멥쌀 2kg

만드는 방법

1. 배꽃 필 무렵, 멥쌀을 깨끗이 씻어 하룻밤 물에 담갔다가 건져 아주 곱게
   가루 내어 깁체로 쳐서 내린다.

2. 여기에 물을 조금 뿌려 섞어 오리알 크기의 단단한 덩어리를 여러 개 만
   든다.

3. 달걀 꾸러미 같은 다북쑥 꾸러미에 넣어 빈섬(空石)에 넣어두어 7일 후
   뒤집어 둔다.

4. 21일 후 황백색 곰팡이가 나와 있으면 바람과 햇볕에 말려 저장해두고
   쓴다.

원문해석

배꽃이 필 무렵, 멥쌀 얼마간을 뜻대로 취해 여러 번 씻어 물에 담가 밤을
재운 다음, 아주 곱게 가루 내어 체로 거듭 친다. 물을 조금씩 뿌리며 힘주
어 섞어서 오리알 크기의 단단한 덩어리로 만든다. 개개의 덩어리를 달걀
꾸러미 모양으로 다북쑥 꾸러미로 싸서 빈 섬에 넣어 둔다. 7일 후 뒤집어
주고 삼칠일(21일) 후에 꺼내 보아 그 빛이 누런색과 흰색 곰팡이가 서로
섞여 있으면 꺼내어 잠깐 바람을 쏘였다가 저장해두고 쓴다.

梨花酒造麴法
當梨花開時白米旬少任意原先浸水徐宿細〻作
末重篩以水洒少許令和趁力壓作塊如鴨卵大菌
裹以雜卵要空石入置七日後翻且三七日
後出見其色黃白相雜則出蔫去風蔵置用之

소쿠리
버들가지나 대나무 껍질을 떠서 엮은 둥근 그릇으로 주로 식품을 담아 말리거나 음식을 만들 재료를 담는 데 사용된다.

오두주(五斗酒)

재료 및 분량

밑술 : 멥쌀 3kg, 누룩 800g, 끓는 물 5ℓ
덧술 : 찹쌀 2kg, 끓는 물 2ℓ

만드는 방법

★밑술
1. 멥쌀을 깨끗이 씻어 물에 담갔다 건져 곱게 가루 내어 백설기로 찐다.

2. 끓는 물에 1을 넣어 잘 풀어주고 차게 식으면 누룩을 섞어 독에 담는다.

★덧술
3. 같은 날 찹쌀을 깨끗이 씻어 물에 담갔다 건져 물을 뿌려가며 고두밥을 찐다. 끓는 물을 섞어 차게 둔다.

4. 식으면 밑술과 버무려 항아리에 담아 발효시킨다.

원문해석

멥쌀 5말을 여러 번 씻어 곱게 가루 내어 쪄 익혀 덩어리를 부수고 식힌 후, 물 10말을 끓여 식혀 부어 죽을 만들고 좋은 누룩가루 1말을 섞어 독에 넣는다. 같은 날 찹쌀 5되를 물에 담갔다가 3일째 되는 날 건져 내고 물을 뿌려 가며 밥을 찐다. 식기를 기다려 독에 넣고 맑아지면 거른다.

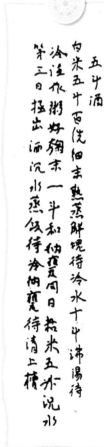

五斗酒
白米五斗百洗細末熟蒸解塊待冷水十斗沸湯待
冷注水粥好稠末一斗和納瓮夏間日秄米五斗沉水
第三日捉出瓮沉水蒸飯待冷納瓮待清上槽

기름병
음식을 조리할 때 쓰이는 참기름, 콩기름, 들깨기름 등의 식용유와 머리에 바르는 동백기름 등을 담아 두고 쓰는 병.

백출주(白朮酒)

재료 및 분량

백출 800g, 물 6ℓ
멥쌀 3kg, 누룩800g, 백출 끓인 물 4~5ℓ

만드는 방법

1. 백출을 물과 함께 약한 불로 2~3시간 끓여 4~5ℓ가 되도록 달여 놓는다.

2. 멥쌀을 깨끗이 씻어 물에 담갔다 건져 고두밥을 잘 익게 찐다.

3. 고두밥이 식으면 누룩가루와 백출 끓인 물을 넣고 잘 버무려 항아리에 담아 맑은 술이 고이면 채주한다.

*지한(止汗), 강장, 소화를 돕는다.

원문해석

멥쌀 3말을 여러 번 씻어 물에 담가 하룻밤 재운다. 다음날 다시 씻어 밑술을 만들고 백출가루 5되와 누룩 5되를 섞어 독에 넣은 후 익기를 기다려 걸러 물을 섞어 마신다. 백출 진하게 달인 물에 밥을 섞어 술을 만든다. 또한 쑥 달인 물에 밥을 말아 술을 만들어도 좋다.

需雲雜方 🍂 전통주

소래기
채소를 담거나 씻기도 하고 보리나
수수 등의 곡류를 씻을 때나 녹말을
가라앉힐 때 등 여러 용도로 쓰인다.

정향주(丁香酒)

재료 및 분량

밑술 : 멥쌀 2kg, 끓는 물 2ℓ, 누룩 1kg
덧술 : 멥쌀 4kg, 끓는 물 4ℓ

만드는 방법

*밑술
1. 멥쌀을 깨끗이 씻어 물에 담가 건져 가루로 만들어 구멍떡을 만들어 익힌 다음 건져 끓는 물에 섞어 풀어준다.

2. 차게 식으면 법제한 누룩을 섞어 버무려 항아리에 담는다.

*덧술
3. 셋째 날(겨울에는 7일 후) 멥쌀을 깨끗이 씻어 물에 담갔다 건져 물을 뿌려가며 푹 익도록 고두밥을 찐다.

4. 고두밥에 끓는 물을 부어 두었다 식힌다.

5. 차게 식으면 밑술과 섞어 항아리에 담아 23~25℃에서 21일간 둔다.

6. 다 익으면 채주하는데 오래 둘수록 맛이 달다.

원문해석

멥쌀 1되를 여러 번 깨끗이 씻어 하룻밤 지나고 가루 내어 구멍떡을 만들어 아주 무르게 쪄 식힌다. 식기를 기다려 밤이슬을 맞힌 누룩 1되와 섞어 작은 그릇에 넣는다. 3일째 되는 날 멥쌀 1말을 여러 번 씻어 밤을 지내고 물 1사발 뿌려가며 푹 익을 때까지 찐다. 식기를 기다려 먼저 빚은 밑술과 섞어 항아리에 넣고 따뜻한 곳에 둔다. 삼칠일(21일) 후 쓴다. 오래 둘수록 맛이 달다. (술항아리) 두는 곳은 햇볕이 들지 않는 한적한 곳에 둔다. 아래도 같다.

丁香酒
粘米一斗百度沈淨待宿作吉作孔餅爛熟待冷以
米一斗曝露和㕮咀第三日白米一斗百沈爛宿以
水一体爛熟為限酒蕴待冷和每酒納缸置温處三
七日後用之金文則味金廿下置閒處不北日進所在

需雲雜方

전통주

자배기

주로 보리를 대끼거나 채소를 씻어
절일 때, 나물을 삶아 물에 불리거나
떡쌀을 담글 때 사용하며 설거지통으
로도 이용된다.

십일주(十日酒)

재료 및 분량

밑술 : 멥쌀 1kg, 누룩 270g, 끓는 물 1.6ℓ
덧술 : 찹쌀 660g, 누룩 100g, 끓여 식힌 물 1.3ℓ

만드는 방법

*밑술
1. 멥쌀을 깨끗이 씻어 물에 담갔다 건져 가루 내어 백설기를 찐다.

2. 시루밑 물을 백설기에 적당히 부어가며 고루 섞는다.

3. 식으면 누룩가루를 섞어 항아리에 담고 봉하여 둔다.

*덧술
4. 5일 후(겨울에는 7일) 물을 끓여 식힌 물로 밑술을 걸러낸다.

5. 찹쌀을 깨끗이 씻어 물에 담갔다 건져 고두밥을 지어 식힌 후 누룩을
   섞어 독에 담고 거른 밑술을 부어 항아리에 봉해서 따뜻한 곳에 (25℃
   정도) 두었다가 5일 후 쓴다.

*온도에 따라 기간이 달라질 수 있다.

원문해석

멥쌀 1말을 여러 번 씻어 가루로 만들어 쪄 익히는데 시루 밑의 물을 적당
히 부어가며 고르게 섞는다. 식힌 후 좋은 누룩 2되와 함께 섞어 독에 넣고
봉한 후 서늘한 곳에 둔다. 5일을 기다려 정화수 2동이를 1동이가 되도록
끓여 달인 물을 첨가하며 먼저 빚은 술을 걸러내어 병에 담아 둔다. 멥쌀
또는 찹쌀 2되를 여러 번 씻어 무르게 밥을 지어 식힌 후 누룩 1되와 섞어
독에 넣은 다음 걸러 낸 술을 붓고 입구를 막는다. 다시 따뜻한 곳에 두어 5
일을 기다린 후 쓴다. 만약 술독이 너무 더우면 술독을 물에 담가 둔다. 여
러 번 신중히 물을 갈아서 더운 기가 없도록 한다.

十日酒
白米一斗百洗作末熟蒸以甑下水適中和均待冷
好麴二升和合納甕封置凉處待五日井花水二盃
煮至一盃出前酒以此水添滅為瓶白米粘米中二
升而洗作爛飯待冷麴一升和納甕次注滅酒封口
又置溫處待五日用之若挺熱時刻酒甕沉水數
沿水頻勻合糟熱

과기
과일이나 다과를 담는 그릇이다.

동양주(冬陽酒)

재료 및 분량

밑술 : 멥쌀 2kg, 끓는 물 2.5~3ℓ, 누룩 1kg
덧술 : 찹쌀 4kg, 끓는 물 5ℓ

만드는 방법

*밑술
1. 멥쌀을 깨끗이 씻어 물에 담갔다 건져 곱게 가루 내어 끓는 물에 구멍떡을 만들어 삶아내고 끓는 물을 섞어 가며 풀어준다.

2. 차게 식으면 누룩가루를 섞어 가며 술을 빚는다.

*덧술
3. 7일 후(온도에 따라 5일 후) 찹쌀을 깨끗이 씻어 물에 담갔다 고두밥을 잘 익게 찐다.

4. 끓는 물을 찐 고두밥에 섞어 식힌 다음 밑술과 잘 버무려 덧술 하여 익으면 채주한다.

*채주하면 그 맛이 꿀과 같다고 한다.

원문해석

멥쌀 1되를 여러 번 씻어 곱게 가루 내어 구멍떡을 만들어 좋은 누룩 2되와 섞어 술을 빚는다. 4일을 간격을 두고 찹쌀 1말을 여러 번 씻어 완전히 찐 다음, 끓는 물 1말과 찰밥을 섞어 식힌 후 먼저 빚은 술과 함께 술을 빚는다. 그 맛이 꿀과 같다.

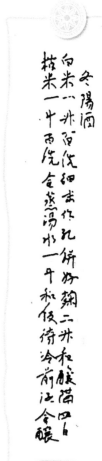

오지확
확은 돌을 파내서 사용하거나 안쪽을
우둘투둘하게 만들어 구워낸 오지로
된 것을 사용한다.

보경가주
(寶鏡家酒)

재료 및 분량

찹쌀 2kg, 끓는 물 4ℓ, 누룩 1kg

만드는 방법

1. 찹쌀을 깨끗이 씻어 물에 담갔다 건져 고두밥을 푹 익게 찐다.

2. 고두밥에 끓는 물을 넣어 버무리고 식으면 누룩과 섞어 항아리에 담는다.

3. 7일 후 술이 완성되어 갈 무렵 (발효 끝나기 전) 하얗게 떠오르는 밥알
   (윗부분 밥알)을 건져 두고 나머지는 채주하여 찌꺼기는 버리고 맑은 술
   만 항아리에 담는다.

4. 건져 놓은 밥알을 다시 맑은 술에 넣고 7일이 지나면 그 맛이 매우 좋다.

*생수는 일절 금한다.

원문해석

이 역시 하일주이다. 찹쌀 2말을 여러 번 씻어 끓였다가 약간 열기가 있는
물 1동이와 섞어 독에 넣고 온돌에 둔다. 3일 후에 찹쌀을 쪄 익히고 달인
물 4병과 섞어 죽처럼 저어준다. 식기를 기다려 누룩 2되와 섞어 술을 빚는
다. 7일을 기다려 뜬 밥알을 먼저 건져두고, 체로 걸러 찌꺼기는 버리고
건져둔 밥알과 같이 독에 다시 부어둔다. 다시 7일이 지나면 쓴다. 그 맛이
매우 좋다. 생수는 절대로 피해야 한다.

其味如蜜

寶卿家酒 此名夏酒

粘米二斗百洗熟蒸搥熟一盒入甕置溫埃三日後

熟蒸煎水四瓶和之如粥攪之待冷麴二米和釀待

七日先挭浮米以篩去滓還注甕浮米及遲注又待

七日用之其味念好切忌生水

이남박
통나무를 깎아 만든 함지박으로 안쪽 면에는 잘게 여러 줄의 골을 파서 쌀을 씻을 때나 돌을 일 때 매우 편리하다.

동하주(冬夏酒)

재료 및 분량

밑술 : 멥쌀 2kg, 끓는 물 3ℓ, 누룩 800g~1kg
덧술 : 멥쌀 4kg, 끓는 물 5ℓ

만드는 방법

*밑술

1. 멥쌀을 깨끗이 씻어 물에 담갔다 건져 곱게 가루 낸다.

2. 끓는 물로 가루를 개어 반쯤 익히고 차게 식으면, 누룩가루를 섞어 항아리에 담는다.

*덧술

3. 7일째 되는 날 멥쌀을 깨끗이 씻어 물에 담근다.

4. 잘 익게 찌고 끓는 물을 섞어 차게 식힌 다음, 밑술과 섞어 항아리에 담는다.

*맛이 너무 쓰면 물을 타서 쓴다.

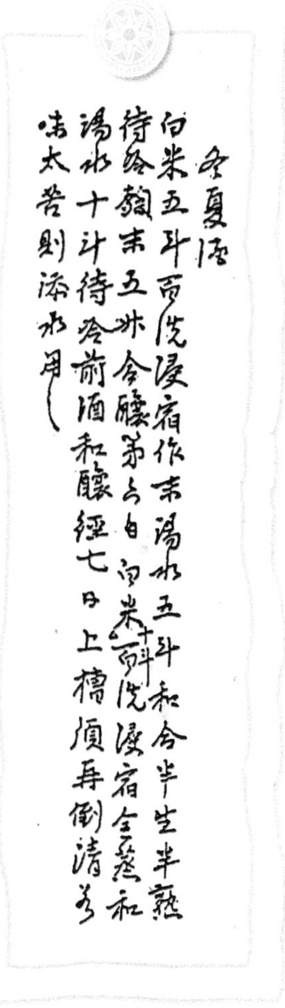

冬夏酒
白米五斗百洗浸宿作末湯水五斗和合半生半熟
待冷麴末五升合釀第六日白米十斗百洗浸宿全蒸和
湯水十斗待冷前酒和釀經七日上槽須再倒清爲
味太苦則添水用之

원문해석

멥쌀 5말을 여러 번 씻어 하룻밤 재우고 가루로 내어 끓는 물 5말과 함께 섞어 반쯤 익히고, 식은 후 누룩가루 5되와 함께 술을 빚는다. 6일째 되는 날 멥쌀 10말을 여러 번 씻어 하룻밤 물에 담갔다가 완전히 찐 후 끓는 물 10말과 섞는다. 식기를 기다려 먼저 빚은 술과 섞어 술을 빚는다. 7일이 지나면 거른다. 반드시 다시 걸러 맑아질 때까지 거른다. 맛이 너무 쓰면 물을 타서 쓴다.

채반
곡물이나 음식을 넣어서 말리거나
전, 부침 등을 지져서 펼쳐 식히기
위한 용도로 이용된다.

남경주(南京酒)

재료 및 분량

밑술 : 멥쌀 2kg, 끓는 물 2ℓ, 누룩 500g, 밀가루 200g
덧술 : 멥쌀 3kg, 끓는 물 4~4.5ℓ

만드는 방법

*밑술
1. 멥쌀을 깨끗이 씻어 물에 담갔다 건져 곱게 가루 낸다.

2. 끓는 물로 가루를 개어 죽을 만든 다음, 식으면 좋은 누룩가루와 밀가루를 섞어 항아리에 담는다.

*덧술
3. 7일이 지난 후 멥쌀을 깨끗이 씻어 물에 담갔다 건져 고두밥이 잘 익도록 찐다.

4. 끓는 물을 고두밥에 섞어 차게 식혀 밑술에 섞어 덧술을 한다.

5. 14일이(온도에 따라 달라 질 수 있다) 지나면 채주한다.

원문해석

멥쌀 2말 5되를 여러 번 씻어 하룻밤 물에 담갔다가 곱게 가루로 내어 끓는 물 2말 5되로 죽을 만든다. 식은 후 좋은 누룩 2되 5홉, 밀가루 1되를 섞어 독에 넣는다. 7일 간격을 두고 멥쌀 5말을 여러 번 씻어 하룻밤 물에 담갔다가 완전히 찐 후 끓는 물 5말과 이 밥을 섞어 식힌 후 먼저 빚은 술과 섞어 술을 빚는다. 이칠일(14일)이 지나면 거른다. 물은 흐르는 개울물을 쓴다.

南京酒
白米二斗五升百洗浸宿細末湯水二斗五升作粥
待冷好麴二升五合再出一升和納甕隔七日白米
五斗而洗浸宿全蒸湯水五斗和飯待冷前酒和釀
恒二七日上槽川水用

과반
차나 한과 등을 그릇에 담아 낼 때 밑에 받쳐 들고 나르는 그릇으로 원형, 타원형, 사각형, 팔각형 등 매우 다양하다.

진상주(進上酒)

재료 및 분량

밑술 : 멥쌀 1kg, 끓는 물 2ℓ, 누룩 1kg
덧술 : 찹쌀 4kg, 끓는 물 5ℓ

만드는 방법

★밑술

1. 멥쌀을 깨끗이 씻어 물에 담갔다 건져 곱게 가루 낸다.

2. 끓는 물로 가루를 개어 죽을 만든 다음, 차게 식으면 누룩가루를 섞어 항아리에 담는다.

★덧술

3. 7일이 지난 후 찹쌀을 깨끗이 씻어 담갔다 건져 고두밥이 잘 익도록 찐다.

4. 끓는 물을 고두밥에 섞어 차게 식혀 밑술을 섞고 항아리에 담아 술이 완성되면 채주한다.

원문해석

멥쌀 2되를 여러 번 씻어 물에 담가 하룻밤 재운 후 곱게 가루 내어 죽을 만든다. 식기를 기다려 누룩가루 2되와 섞어 항아리에 넣고 겨울에는 7일, 봄과 가을에는 5일, 여름에는 3일 지난 후 찹쌀 1말을 여러 번 씻고 쪄 익히고 식으면 먼저 술과 섞어 항아리에 넣는다. 7일 후 쓴다.

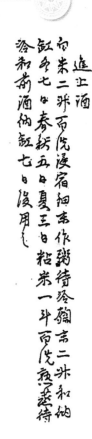

需雲雜方

전통주

매통
벼의 껍질을 벗기는 데 쓰이는 도구
로 크기가 같은 통나무 두짝으로 만
든다.

별주(別酒)

재료 및 분량

밑술 : 멥쌀 2kg, 끓는 물 3ℓ, 누룩 800g
중밑술 : 멥쌀 2kg, 끓는 물 3ℓ
덧술 : 멥쌀 1kg, 찹쌀 2kg

만드는 방법

*밑술
1. 멥쌀을 깨끗이 씻어 담갔다 건져 가루로 내어 끓는 물로 개어 죽을 만든다.

2. 차게 식으면 누룩을 섞어 항아리에 넣는다.

*중밑술
3. 7일이 지난 후 멥쌀을 위와 같이 가루로 내어 끓는 물로 개어 죽을 만들고, 차게 식으면 밑술과 버무려 항아리에 넣는다.

*덧술
4. 7일이 지난 후 멥쌀과 찹쌀을 깨끗이 씻어 담갔다 건져 고두밥을 물을 뿌려가며 잘 익게 찐다.

5. 식으면 중밑술과 고루 버무려 항아리에 담고 굳게 봉해둔다.

6. 발효가 끝나면 채주한다.

*그 맛이 감미롭고 향기로우며 독하다.

원문해석

멥쌀 3말을 여러 번 씻어 물에 담가 하룻밤 재운 후 가루로 만들어 끓는 물 3말과 섞어 죽을 만든다. 좋은 누룩가루 6되와 섞어 함께 독에 넣고 단단히 막는다. 6일이 지난 후 멥쌀 3말을 여러 번 씻어 하룻밤 재운 후 가루로 내어 앞의 방법과 같이 섞어 독에 넣는다. 다시 6일 후에 멥쌀 2말과 찹쌀 1말을 여러 번 씻어 하룻밤 재운 후 통째로 찐 후 누룩물이 없이 김이 빠지기 전에 독에 넣고 고루 섞고 단단히 막는다. 익기를 기다려 거르면 그 맛이 달고 향기롭고 독하다.

別酒
白米三斗百洗浸宿作高湯水三斗作粥待冷好麴
末六升和令調填甕堅封六日後白米三斗百洗浸宿
作水如前法和填甕又六日後白米二斗粘米一
斗百洗浸一宿全蒸無麴水不歇氣填甕和均堅封
待熟上槽其味甘香列

需雲雜方 전통주

말
물질의 분량을 측정하는 그릇이다.
재래의 말은 정방형으로 된 모말을
사용하였으며, 원통형의 말은 일본
에서 유입된 형태이다.

이화주(梨花酒)

재료 및 분량

멥쌀 1kg, 이화주 쌀누룩 400g

만드는 방법

1. 멥쌀을 깨끗이 씻어 담갔다 건져 곱게 가루 내어 김체로 쳐서 끓는 물로
   익반죽하여 구멍떡을 빚어 찐다.

2. 구멍떡이 식으면 곱게 법제한 쌀누룩을 넣어 섞어서 항아리에 담고 두
   꺼운 종이로 봉하며 15일 정도 발효시킨다.

3. 맛이 매우 달고 향기로우며 숟가락으로 떠먹기도 하고 냉수에 타서 마
   시기도 한다.

원문해석

멥쌀 1말을 여러 번 씻어 곱게 가루 내어 체로 거듭 쳐서 구멍떡을 만들어
푹 찐다. 식으면 겉껍질을 벗기고 곱게 가루 내어 체로 곱게 친 누룩가루 1
되 3홉과 함께 힘을 주어 고루 섞어 항아리에 넣고 두꺼운 종이로 입구를
막고 공기가 빠지도록 작은 구멍을 낸다. 15일이 지나면 쓰는데, 맛이
매우 달고 향기롭다. 냉수에 타서 마시기도 한다.

梨花酒
白米一斗百洗細末重篩作花餠熟烹裂而待冷起
削去外皮細末重篩一升三合和合起力均調入缸
以厚紙封口作小孔此氣十五日當用味極甘香且
測冷水和飮

171

되홉
되의 형태는 입방체 또는 직육면체
로 나무와 쇠로 만든다. 보통 10홉
이면 1되, 10되는 1말.

오정주(五精酒)

재료 및 분량

물 4ℓ, 껍질 벗긴 황정 60g, 천문동 60g, 송엽 90g, 백출 60g, 구기자 75g
밑술 : 멥쌀 1kg, 밀가루 100g, 누룩가루 500g
덧술 : 멥쌀 2kg

만드는 방법

*밑술
1. 껍질 벗긴 황정, 천문동, 송엽, 백출, 구기자 썬 것을 섞고 여기에 물 8ℓ
   를 부어 6ℓ가 되도록 끓인다.

2. 멥쌀을 깨끗이 씻어 물에 담갔다 건져 곱게 가루 내어 1의 끓는 물로 가
   루를 개어 죽을 만든 다음, 차게 식힌다.

3. 누룩가루, 밀가루, 죽을 버무리고 남은 1의 물을 함께 섞어 항아리에 담
   는다. (25℃ 정도에 둔다)

*덧술
4. 7일이 지난 후 멥쌀을 깨끗이 씻어 담갔다 건져 고두밥이 잘 익게 물을
   흠뻑 뿌려가며 찐다.

5. 식으면 밑술과 버무려 덧술 하여 술이 완성되면 채주한다.

*만병을 다스리고 허한 것을 보하며 오래 살게 하고 백발도 검게 되며 이
도 다시 난다.

원문해석

만병을 다스리고 허한 것을 보하여 흰 머리칼을 검게 하며 빠진 이가 나게
한다. 황정 4근, 천문동 3근을 껍질을 없애고 솔잎 6근, 백출 4근, 구기 5근
을 썬 것을 섞는다. 물 3섬을 1섬으로 졸이고, 쌀 5말을 여러 번 씻어 곱게
가루 내어 죽을 만든다. 식으면 누룩 7되 5홉, 밀가루 1되 5홉을 함께 합하
여 여름철에는 찬 곳에, 겨울철에는 따뜻한 곳에 둔다. 3일 후 멥쌀 10말을
여러 번 씻어 담가 재운 후 통째로 쪄서 먼저의 밑술 독에 넣는다. 익으면 쓴다.

173

需雲雜方 전통주

보자기
물건을 싸거나 덮기 위해 헝겊으로 네
모지게 만든 것을 지칭하는 것으로 특
히 작게 만든 것을 보자기라 한다.

송엽주(松葉酒)

재료 및 분량

솔잎 물 : 솔잎 2kg, 물 6ℓ
멥쌀 3kg, 누룩 800g

만드는 방법

1. 솔잎을 깨끗이 씻어 물 6ℓ와 함께 약한 불로 2~3시간 끓여 4ℓ의 솔잎
   물이 되도록 하고 찌꺼기는 버린다.

2. 멥쌀을 깨끗이 씻어 물에 담갔다 건져 곱게 가루 낸다.

3. 솔잎 달인 물이 끓을 때 2의 가루를 개어 죽을 만든 다음, 식으면 누룩가
   루와 잘 버무려 항아리에 담은 후 21일 후 채주한다.

*만병을 다스리는 효과가 있다.

원문해석

송엽 6말, 물 6말을 2말이 되도록 졸여서 찌꺼기는 버린다. 기름진 멥쌀
1말을 여러 번 씻어 곱게 가루 내어 먼저의 물로 죽을 만든다. 식으면 누룩
1되와 섞어 독에 넣는다. 삼칠일(21일) 후에 쓴다. 만병을 다스린다.

松葉酒
松葉六斗水六斗煮取
二斗去滓及賒白米一斗占
洗細末右多作粥待冷而
用之法旋而麹一升和入甕三七
之後

175

모시보

여름용 상보는 얇은 견직물이나 모시
로 만든 홑보를 사용하여 통풍이 잘
되어 음식물이 상하지 않게 하였다.

애주(艾酒)

재료 및 분량

밑술 : 멥쌀 2kg, 끓는 물 2ℓ, 누룩 600g
덧술 : 멥쌀 3kg, 참쑥 600g, 끓여 식힌 물 4~4.5ℓ

만드는 방법

*밑술
1. 4월 그믐에 멥쌀을 깨끗이 씻어 물에 담갔다 건져 곱게 가루 낸다.

2. 끓는 물로 가루를 개어 죽을 만든 다음 차게 식으면, 누룩가루와 버무려
   항아리에 넣고 단단하게 봉한다.

*덧술
3. 5월 초나흘(4일 후) 참쑥 잎을 따고, 멥쌀을 깨끗이 씻어 담갔다 건져 가
   루 내어 백설기로 찔 때 쑥을 얹어 찐 다음 차게 식힌다.

4. 5월 5일(1일 후) 즉, 다음 날 이른 아침에 백설기와 밑술을 버무리고 끓여
   식힌물과 같이 섞어 덧술 한다.

5. 한 달 후 맑은 술이 고이면 채주한다.

*애주(艾酒)는 5월에 담금 하는 것이 좋으며 하루에 3번 마시면
  만병이 낫는다.
*쑥의 양은 덧술 하는 쌀의 20% 정도가 좋으며 그 이상을 넣어도 좋다.
*참쑥은 생으로나 말린 것 모두 좋다.

원문해석

4월 그믐 때, 멥쌀 1말을 여러 번 씻어 곱게 가루 내어 죽을 만든다. 식으면
누룩 1되와 섞어 독에 넣고 단단히 막아 서늘한 곳에 둔다. 5월 초 4일
참쑥 잎을 따서 멥쌀 1말과 함께 섞어 깨끗한 자리를 펴고 여러 번 고르게
편 후, 밤새 이슬을 맞힌다. 단옷날 이른 아침에 먼저 빚은 술과 섞어 손바닥
같은 떡을 만든다. 나무 발을 만들어 독의 허리 부분에 걸쳐 놓고 떡을 발위
에 얹고 공기가 빠지지 않도록 조심해서 단단히 막아 찬 곳에 둔다. 8월 보
름께, 막은 것을 열고 나무 발밑의 맑은 즙을 떠낸다. 하루에 세 번 마시면
만병이 낫는다. 멥쌀과 쑥의 많고 적음은 마음대로 이고 이것은 대강이다.

艾酒
四月晦时白米一斗百洗细末作
入甕堅封五月四日採出艾葉與米一斗
黃華布於净席終日露之採上甕
水浆作木蓋安於甕腰和於風作餅
盃杯意如木蓋安於甕腰不洁汁々三
盃杯意如耶盖不洁汁々三
疾皆念未與艾多少任意々々水浆耶

177

행주치마
음식을 조리할 때 치마를 더럽히거나 물이 묻지 않도록 하기 위해 치마 위에 겹쳐 있는 옷.

황국화주법
(黃菊花酒法)

재료 및 분량

청주 2ℓ, 국화 25g

만드는 방법

1. 청주에 국화를 명주 주머니에 넣어, 술 윗면에서 2cm 위에 매달고 항아리를 단단히 봉한다.

2. 하룻밤 지나서 꽃을 들어낸다.

★황국은 향기롭고 맛이 단 것을 골라 따서 햇볕에 쐬어 말린다.
★국화는 甘菊이 좋다.

원문해석

황국은 냄새가 향기롭고 맛이 단 것을 골라 따서 햇볕에 쐬어 말린다. 청주1말에 국화꽃 3량씩 쓴다. 생명주 주머니에 넣고 술 윗면에서 손가락 하나 떨어진 거리에 매달고 독 입구를 단단히 봉한다.
밤을 지내고 꽃을 들어낸다. 술맛은 향기가 있고 달다. 모든 향기가 있는 꽃은 이런 방법으로 빚으면 된다.

黃菊花酒法
揀黃菊嗅之香嘗之甘者摘下旺乾無傷一斤用
花菊頭三兩生絹帒盛之垂于酒面上約離一指許
密封甕口經宿去花則味香而甘一切有香之花
併山法倣此

수저집
숟가락과 젓가락을 넣어 두는 주머니
로 남녀의 수저 한 벌씩이 들어 갈 정
도의 크기이다.

건주법(乾酒法)

재료 및 분량

찹쌀 4kg, 누룩 1kg, 끓여 식힌 물 6ℓ
부자 1개, 생오두 1개, 생강(또는 건강) 10g
계피 10g, 촉산 10g

만드는 방법

1. 찹쌀을 깨끗이 씻어 담갔다 건져 고두밥을 찐다.

2. 누룩, 부자, 생오두, 생강(또는 건강), 계피, 촉산을 섞어 모두 같이 찧어
   서 가루를 낸다.

3. 약재가루를 고두밥에 잘 섞어 끓여 식힌 물과 잘 버무려 항아리에 담고
   봉해둔 후 술이 익으면 채주한다.

★술지게미는 꿀에 반죽하여 달걀 크기의 환을 만들어 두었다 물에 타면
  좋은 술이 된다고 한다.
★촉산(촉칠) : 빨간 독약 열매의 뿌리 부분 (한약 이름으로는 상산이라 한다)
★오두(천오) : 작은 부자 종류

원문해석

찹쌀 5말로 밥을 짓고 좋은 누룩 7근 반, 부자 5개, 생 오두 5개, 생강 또는
건강, 계피, 총산 각 5냥씩을 섞어 모두 같이 찧어 가루로 만들어 일상의 방
법대로 술을 빚는다. 입구를 막은 지 7일이면 술이 된다. 눌러 짠 술지게미
는 꿀과 섞어 달걀 크기의 덩어리를 만들어 1말의 물에 넣으면 맛 좋은 술
이 된다. 춘추 만들 때 만들면 더욱 좋다.

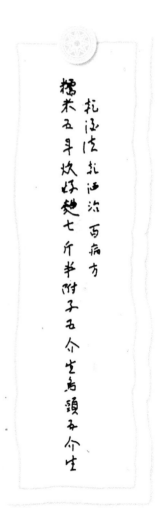

수저통
숟가락과 젓가락을 담는 통. 도자기
나 오지그릇으로 된 것이 많고 대오
리나 싸리로엮은 수저통도 있다.

지황주(地黃酒)

재료 및 분량

지황 1kg, 대두(콩) 2kg, 찹쌀 4kg, 누룩 1.5kg
끓여 식힌 물 10ℓ

만드는 방법

1. 지황 썬 것과 대두(콩)를 찧어 부수고 찹쌀을 깨끗이 씻어 담갔다 건져
   고두밥을 짓고, 누룩을 준비한다.

2. 끓여 식힌 물에 버무려 항아리에 담고 진흙으로 봉하여 한 달 동안 둔다.

3. 술이 완성되면 채주한다.

*우슬즙(우슬을 넣고 끓여 식힌물)을 섞어 고두밥에 부어서 빚으면 더욱
좋다. 술이 완성되면 그 액이 진국이니 그 맛이 조청과 같이 매우 달다. 색
은 칠과 같이 검게 익는다.
*담금 한 후 2~3일 정도는 1일 2회 정도 저어준다.

원문해석

굵은 지황 썬 것과 콩 1말을 찧어 부수고, 찹쌀 5되를 푹 익혀 밥을 짓고,
누룩은 큰 1되, 이 세 가지를 소래기에 넣고 잘 주물러서 새지 않는 자기
항아리에 넣고 진흙으로 막는다. 봄, 여름철에는 삼칠일(21일), 가을·겨울
철에는 오칠일(35일)이 되어 날이 차면 열면 1잔 분량의 액체가 있다. 이 액
체는 진국이니 의당히 먼저 마시고, 나머지는 천으로 싸서 두고 쓴다. 맛이
조청과 같이 아주 달다. 불과 3일이면 칠과 같이 검게 익으며 우슬즙과
섞어 프레기(된죽)을 끓이면 더욱 좋다. 꺼리는 것을 없애고 백발을 없앤다.

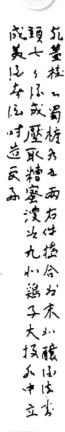

183

需雲雜方 전통주

수저통
한 개의 통으로 된 것과 두 개의 통을 붙
여 만든 것이 있으며 물기가 빠질 수 있
도록 작은 구멍이 여러 개 뚫려 있다.

예주(醴酒)

재료 및 분량

밑술 : 찹쌀 2kg, 끓는 물 4ℓ, 누룩 1kg
덧술 : 찹쌀 4kg, 끓여 식힌 물 6ℓ

만드는 방법

*밑술
1. 정월 상순에 찹쌀을 깨끗이 씻어 물에 담갔다 다시 씻어 건져
   곱게 가루 낸다.

2. 끓는 물을 찹쌀가루에 부어 갠 후 죽을 만든다.

3. 차게 식으면 누룩을 섞어 독에 담고 봉해서 적당한 온도(15℃)
   에 둔다.

*덧술
4. 3월이 되어 복숭아꽃이 필 무렵(밑술 한 지 2주 후에) 찹쌀을
   깨끗이 씻어 물에 담갔다 건져 고두밥이 잘 익도록 찐다.

5. 고두밥에 끓여 식힌 물을 넣어 버무린 후 밑술과 잘 버무려 항
   아리에 담아 두었다 단오 때 사용한다. (15℃에서 20~30일 동
   안 발효시킨다.)

원문해석

정월 상순에 찹쌀 5말을 여러 번 씻어 한 이틀 물에 담갔다가 다
시 씻어 곱게 가루 내고 끓는 물을 쌀1말에 2사발씩 10사발을 섞
어 죽을 만든다. 식으면 누룩 2말을 섞어 독에 담아 단단히 막고
차지도 덥지도 않은 곳에 둔다. 얼지 않도록 주의해야 하며 얼면
맛이 없게 된다. 3월이 되어 복숭아 꽃 필 무렵 다시 찹쌀 2말과
멥쌀 8말을 먼저와 같이 깨끗이 씻어 통째로 익혀 먼저의 밑술과
함께 독에 담는다. 단오 때 쓴다. 다시 찔 때 뿌리는 물은 1말을
넘지 않아야 한다. 많으면 맛이 엷어진다.

醴酒

正月上旬粘米子斗百洗浸水一兩〳又洗細末以湯
〳〳盆末一斗二粘和作粥待冷曲二斗和三月
麁堅善羞盆子如意故起羞慎善養味如
桃七好曲米十子入麁端午用〳〳全蓋〳潤二
待冷和米一斗百洗浸水一兩〳又正月上旬粘米子斗度
待冷和如〳〳十二斗合米八斗如右洗〳淨全蓋和待桃七
石好曲一斗二斗合米八斗如右洗〳淨全蓋和待桃七
〳又以粘米二斗合米八斗如右洗〳淨全蓋和味麁
入麁端午時開〳全蓋和酒水不過一斗

需雲雜方 전통주

흑칠사각목반
음식을 담아 나르는 나무 그릇으로
목반의 안팎으로 두세 번의 칠을
하여 나무의 결과 문양을 살린 것이
특색이다.

세신주(細辛酒)

재료 및 분량

밑술 : 멥쌀 2kg, 끓는 물 4ℓ, 누룩 600g
덧술 : 멥쌀 3kg, 끓여 식힌 물 4ℓ, 누룩 300g

만드는 방법

*밑술
1. 멥쌀을 깨끗이 씻어 물에 담갔다 다시 씻어 건져 곱게 가루 낸다.

2. 끓는 물로 멥쌀가루 낸 것에 부어 갠 후 죽을 만든 다음 차게 식으면 누룩을 섞어 항아리에 담는다.

*덧술
3. 겨울이면 7일 후 멥쌀을 깨끗이 씻어 물에 담갔다 건져 잘 익도록 푹 찐다.

4. 끓여 식힌 물을 고두밥과 버무리고 누룩과 밑술을 섞어 항아리에 담아 발효시킨다.

원문해석

멥쌀 5말을 여러 번 씻어 곱게 가루 내어 끓인 물 10말로 죽을 만든다. 식으면 누룩 1말과 섞어 독에 담는다. 춘추 5일, 여름 4일, 겨울 7일 후, 멥쌀 10말을 여러 번 씻어 미리 3일간 물에 담그는데 아침, 저녁으로 물을 갈아주며 불린 후 통째로 찐다. 물 5말을 뿌려가며 밥을 거듭 쪄 푹 익힌다. 식으면 누룩 5되를 섞어 먼저의 밑술과 함께 독에 담고 익으면 쓴다.

細辛酒

白米五斗百洗細末冷水
十斗作粥待冷曲一斗仁
入瓮春五夏四冬七後白
米十斗石洗頂浸三
日朝夕更水全蒸另
又和水五斗酒飯更蒸
米不乾另另待冷曲
五升和前酒入瓮熟用

찻주전자
찻물을 끓이는 주전자를 말한다. 무
쇠로 된 주전자를 쓸 경우 녹이 나지
않도록 주의를 해야 한다.

황금주(黃金酒)

재료 및 분량

밑술 : 찹쌀 2kg, 끓는 물 6ℓ, 누룩 1kg
덧술 : 찹쌀 4kg

만드는 방법

*밑술
1. 찹쌀을 깨끗이 씻어 물에 담갔다 다시 씻어 건져 곱게 가루 낸다.

2. 끓는 물을 찹쌀가루에 부어 갠 후 죽을 만든 다음 차게 식으면 누룩을 섞
   어 항아리에 담는다.

*덧술
3. 겨울이면 7일 후 찹쌀을 깨끗이 씻어 물에 담갔다 건져 잘 익도록 푹 찐다.

4. 차게 식으면 먼저 빚은 밑술과 버무려 항아리에 담는다.

5. 3~4주 후에 익으면 채주한다.

원문해석

멥쌀 2되를 여러 번 씻어 하룻밤 물에 불려 곱게 가루 내어 물 1말로 술거
리를 만들고 (혹은 죽을 만든다고 한다.) 식으면 누룩 1되와 섞어 빚는다. 겨
울에는 7일, 여름에는 3일, 봄·가을에는 5일 후 찹쌀 1말을 여러 번 씻어
통째로 찐다. 식으면 밑술과 섞고 이칠일(14) 후에 쓴다.

黃金酒
白米二斗百洗浸一宿細末和一斗作饙候冷待冷
麯一斗合造各七々高三々春和五々後粘米一斗
古法全蒸待冷和入二七後用々

需雲雜方

전통주

찻숟가락
차의 가루나 잎을 넣어 차를 우려 마
실 때 쓰는 숟가락.

아황주(鵝黃酒)

재료 및 분량

밑술 : 멥쌀 1kg, 찹쌀 1kg, 끓는 물 3ℓ, 누룩 800g
중밑술 : 멥쌀 3kg, 끓는 물 4ℓ, 누룩 500g
덧술 : 멥쌀 3kg(또는 찹쌀 3kg), 끓는 물 4ℓ

만드는 방법

*밑술
1. 멥쌀과 찹쌀을 깨끗이 씻어 물에 담갔다 다시 씻어 건져 곱게 가루 낸다.

2. 끓는 물을 가루에 부어 갠 후 죽을 만든 다음 차게 식으면 누룩을 섞어 항아리에 담는다.

*중밑술
3. 7일 후 멥쌀을 깨끗이 씻어 물에 담갔다 건져 곱게 가루 낸다.

4. 끓는 물로 개어 죽을 만들고 식으면 누룩을 섞고 먼저 밑술에 버무려 항아리에 넣는다.

*덧술
5. 7일 후 멥쌀(또는 찹쌀)을 깨끗이 씻어 물에 담갔다 건져 곱게 가루 내어 백설기를 찌고 끓는 물에 개어 죽을 만든다.

6. 차게 식으면 중밑술을 걸러서 찌꺼기는 버리고 5의 죽과 버무려 항아리에 담아 놓은 후 맑게 익으면 채주한다.

원문해석

멥쌀, 찹쌀 각 1말 5되를 여러 번 씻어 곱게 가루 내어 끓인 물 4말로 죽을 만든다. 식으면 누룩 1말을 섞어 독에 담는다. 7일을 채워 멥쌀 4말을 여러 번 씻어 곱게 가루 내어 끓인 물 5말로 죽을 만든다. 식으면 누룩 5되와 섞어 먼저의 밑술에 덧 빚어 독에 담는다. 또, 7일을 채워 멥쌀 5말을 여러 번 씻어 곱게 가루 내어 끓인 물 6말로 죽을 만들고 식으면 먼저 밑술을 꺼내어 누룩 없이 섞어 넣는다. 맑게 익으면 쓴다. 시절을 타지 않으나, 봄·가을이 더욱 좋다.

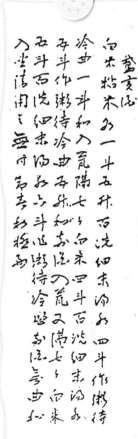

需雲雜方 전통주

풍로
차나 약, 전골 등의 음식을 닳이고 끓이
기 위해 불씨를 담은 그릇의 아랫부분
에 화구와 바람구멍을 내어 만든 용구.

경장주(瓊漿酒)

재료 및 분량

밑술 : 멥쌀 1.5kg, 찹쌀 1.5kg, 끓는 물 3ℓ, 누룩 800g
덧술 : 멥쌀 2kg, 찹쌀 2kg, 끓는 물 4.5~5ℓ, 누룩 400g

만드는 방법

*밑술
1. 멥쌀을 깨끗이 씻어 물에 담갔다 건져 고두밥을 익게 찐다.

2. 찹쌀을 깨끗이 씻어 물에 담갔다 건져 곱게 가루 내고 끓는 물을 부어
   갠 후 죽을 만든다.

3. 1과 2를 버무려 차게 식으면 누룩과 섞어 항아리에 담는다.

*덧술
4. 멥쌀을 깨끗이 씻어 담갔다 건져 고두밥을 익게 찐다.

5. 찹쌀을 깨끗이 씻어 담갔다 건져 곱게 가루 내어 백설기같이 찌고 끓는
   물을 섞어 죽을 만든다.

6. 4와 5가 차게 식으면 누룩과 같이 버무리고 다시 먼저 해놓은 밑술과 버
   무려 항아리에 담는다.

7. 7일 후(온도에 따라 2~3주 후) 술이 다 익으면 그 맛과 빛깔이 이루 말할
   수 없이 좋다.

원문해석

멥쌀 1말을 여러 번 씻어 쪄 익히고, 찹쌀 1말을 여러 번 씻어 곱게 가루 내
어 죽을 만들어 서로 섞는다. 식으면 누룩 1말을 섞어 독에 담는다. 3일이
차면 멥쌀 2말을 깨끗이 씻어 쪄 익히고, 찹쌀 2말을 씻고 가루 내어 죽을
만들어 누룩 2되와 서로 섞는다. 식으면 먼저의 밑술과 섞어 독에 넣는다.
7일 후면 그 맛과 색이 이루 말할 수 없이 좋다. 이는 서왕모가 백운가를 불
러 멀리 있는 마을을 놀라게 했다는 술이다.

瓊漿酒

白米一斗百洗細末作粥
由一斗和入荒備三》白米
二斗相和待冷和好麵二斗納甕七》
未作粥曲二斗相和待冷
々色不可具言此酒西王母唱白雲歌動老市々也

193

需雲雜方 전통주

석간주항아리
대청마루나 뒤주 위에 놓고 끓이나
엿 등을 담아 두는 작은 항아리.

칠두오승주 (七斗五升酒)

재료 및 분량

밑술 : 멥쌀 2kg, 끓는 물 3ℓ, 누룩 600g
중밑술 : 멥쌀 2kg, 끓는 물 3ℓ, 누룩 400g
덧술 : 멥쌀 4kg, 끓여 식힌 물 5ℓ, 누룩 200g

만드는 방법

*밑술
1. 멥쌀을 깨끗이 씻어 물에 담갔다 건져 곱게 가루로 빻아 백설기를 찐다.

2. 백설기에 끓는 물을 섞어 죽을 만들어 차게 식으면 누룩을 섞어 항아리에 담는다.

*중밑술
3. 멥쌀을 깨끗이 씻어 담갔다 건져 곱게 가루로 빻아 백설기를 찐 후 끓는 물로 뜨거울 때 개어서 죽을 만든다.

4. 차게 식으면 누룩을 섞어서 먼저 빚은 술독에 덧술 한다.

*덧술
5. 7일 후(온도에 따라 다름) 멥쌀을 깨끗이 씻어 물에 담갔다 건져 고두밥이 잘 익게 찐다.

6. 여기에 끓여 식힌 물을 섞고 누룩과 중밑술을 함께 버무려 덧술 한 후 다 익으면 채주한다.

원문해석

또는 도잠(陶潛)이라고 불린다. 멥쌀 7말 5되를 물 9말 누룩 9되를 준비한다. 멥쌀 1말 5되를 여러 번 씻어 가루 내어 되게 찌고, 물 2말을 팔팔 끓여 뜨거울 때 서로 섞어 죽을 만든다. 식으면 좋은 누룩 2되와 섞어 독에 담는다. 4~5일 후, 멥쌀 2말을 먼저와 같이 씻어 가루 내어 쪄 끓인 물 2말 5되로 죽을 만든다. 식으면 고운 누룩 2되 5홉을 섞어 술독에 덧 빚는다. 술이 4~5일이 지나면 멥쌀 4말을 여러 번 씻어 통째로 쪄 물 4말 5되를 끓여 섞고, 식으면 누룩 4되 5홉과 섞어 먼저의 밑술에 덧 빚는다. 익으면 거른다.

주름참지
함지박은 용도에 따라 생침, 옻침, 주
침을 하여 썼다.

향료방(香醪方)

재료 및 분량

밑술 : 멥쌀 2kg, 끓는 물 3ℓ, 누룩 600g, 밀가루 200g
덧술 : 멥쌀 3kg, 끓여 식힌 물 4ℓ

만드는 방법

*밑술
1. 멥쌀을 깨끗이 씻어 물에 담갔다 건져 곱게 가루로 빻아 백설기를 찐다.

2. 백설기에 끓는 물을 섞어 풀어 준 후 차게 식으면 누룩가루와 밀가루를
   섞어 항아리에 담는다.

*덧술
3. 멥쌀을 깨끗이 씻어 담갔다 건져 고두밥을 익게 찐다.

4. 끓여 식힌 물과 누룩가루를 섞어 고두밥과 밑술을 버무려
   항아리에 담는다.

원문해석

멥쌀 5말을 여러 번 씻어 3일간 물에 담갔다가 곱게 가루 내어 쪄 익혀 끓
인 물 7말과 섞는다. 식으면 누룩가루 7되, 밀가루 3되와 섞어 술을 빚어 꼭
막는다. 멥쌀 10말을 여러 번 씻어 3일간 물에 담갔다가 통째로 쪄 익히고,
물 8말, 누룩 가루 5되를 써서 먼저의 밑술과 섞어 덧 빚는다.

香醪方
白米五斗百洗沉水三夕細末�沸水七斗和待
冷曲末七刀生末三刀如煎坐待�白米十斗百
洗浸水三夕全蒸熟和入斗曲末五刀用先稿和釀

여기에 수록된 '수운잡방' 원문을 읽는 순서는
맨 위 오른쪽에서 왼쪽, 아래 오른쪽에서 왼쪽입니다.

需雲雜方

『수운잡방』은 표지를 합해서 25매의 한지로 꾸며져 있으며, 표지에 '需雲雜方' 이라 쓰여있고 그 뒷면에 탁청공유묵(濯淸公遺墨) 이라 기재된 한문 필사본이다. 본문은 필체가 다른 두 부분으로 구분할 수 있는데, 전반부는 삼해주(三亥酒)로부터 수장법(水醬法)까지 86항목이 들어 있고 후반부는 삼오주(三午酒)로부터 다식법(茶食法)까지 35가지의 음식조리법이 적혀 있어 총 121항목에 달한다.

三亥酒

正月初亥日白米一斗百洗作末湯水一斗作待
冷麴五升真末五升和納瓮次亥日白米十斗百洗
作末熱丞湯水十斗作粥待冷麴一斗百洗作末
熱蒸湯水十斗和前酒納
和前酒納發待熱上槽

三午酒

正月初午日真末七升好麴七升冷水四盆和納瓮置
不寒不熱宿二午日白米五斗百洗沈一宿熱蒸不
歇氣納前瓮三午日白米五斗百洗全蒸不歇氣納
茶瓮四午日白米五斗如前法待熱子日用

四午酒

正月初午日水八盆沸湯待冷先注瓮中好麴一升
細末重篩入瓮真末七升又入瓮白米一斗百
洗細末解蒸辭埋待冷入瓮和攪置不寒不熱
次午日白米五斗百洗如前法堅封四月二十日開
見則澄清到底色如秋露挹而用之其濁亦好
花酒和水飲之甚奇云小麴酒一方真末五升麴三升
碧香酒

白米一斗五升糯米壹斗五升百洗百浸一宿作末湯
水四斗作粥待冷好麴五升真末五升和納瓮隔七
日白米八斗如前法湯水九斗作粥待冷麴一斗
殺出前酒和納瓮又七日白米四斗百洗全蒸湯水
五斗和飯納瓮二七日上槽

白米一斗百洗浸宿細末阿水三鉢作納待冷麴二升

和納瓮隔七日米二斗百洗浸宿全蒸阿水之鉢和
交待冷麴二升和納瓮待七日寶頭清上槽

杜康酒

白米五斗百洗浸宿細末阿水十四鉢作粥待冷兩
麴一斗和納瓮隔五日白米五斗如前法和納又隔
七日白米五斗百洗一宿全蒸不歇氣納瓮待熱上
槽

碧香酒

白米四斗細末湯水五斗作粥待冷麴一斗和納寶隔
五日白米四斗如前法隔三日白米四斗百洗細末
熱蒸阿水九斗作粥如前法納瓮經二十日上槽

小麴酒

白米二斗百洗細末阿水三斗作粥待冷麴五升真
末五升和納瓮隔三日白米四斗百洗細末熱蒸阿水
六斗作粥待冷和前酒納瓮待熱上槽

七斗酒

白米二斗牟米百洗一宿全蒸阿水三斗作粥待
冷麴五升真末二升和納瓮隔三日白米六斗百洗
百洗全蒸阿水五斗和飯待冷和前酒納瓮待熱用之

甘香酒

白米二斗百洗阿水一斗作粥待冷麴一升和
末五升和納瓮冬七日交三日吉秋五白粘米二斗百洗全蒸
待冷和前酒納瓮經七日用之

柘子一斗杻子一斗挼洗細搗水甲斗節濾之去滓浮沫白

米一斗五升粘米一斗五升百洗細末熟蒸和右同

水四斗作醅待冷麯末三升和納瓮待清上槽

胡桃酒法五升七梌待冷氣不乏

白米一斗百洗細末水一斗攪匀和즉待冷并待冷

胡桃五合細研麯末調和納瓮待熟즉米三斗百

洗蒸後水三斗和均待冷麯三升實調桃一升各合

細研和前附納瓮待熟用之

橡實酒

橡實米一合沉流水久潤麤末搗細末粘米六斗

日洗細末和合熟蒸待冷麯二觔合二斗好麯三升計

和納瓮待熟粘米和末作粥一盆納瓮澄清到底汲

用以清酒生和粘粥准枓上檀後其澤揚孔藏之

즁行服之為每三四月放鷹時午後下人盧謂冷水

和於즁之輕身健脾力

釀醋三日白米一斗百洗中粘末一斗百洗全蒸瀉水五升

及日忘底

又

白米二斗百洗細末水七觔作粥待冷麯五升和

釀三日白米二斗百洗細末熟蒸湯水作醅待冷麯五升

和待冷麯熟附和釀経七日用之

三日酒

白米一斗百洗浸一宿細末熟蒸放冷前了日水等

真末五升合和釀待熟粘米二斗百洗如前法和釀

用之

又

白米一斗百洗浸一宿細末熟蒸放冷前了日水等

沸湯待冷麯三升和前納瓮次日以放冷蒸餅和前納

瓮翠日開用後則五六日後白米二斗百洗浸一宿

白朮一斗百洗作末三斗作粥待冷和麴一升真末拌匀納瓮十二日平封用之

一日酒
杜三斗和麴二升西洗一鉢一缶浄洗夕氣蒸多影氣無水聲納瓮仁匀攪之置源之盃熬

桃仁酒
桃仁五升箇去皮尖挼仁清酒三瓶為水碓磨細納瀝下納不津缸封口浮於釜中煮之日時酒色酒黃則為好每朝溫服一鐘主之浸水為号

白花酒
白麴三斗百洗細末水四斗中沸煮至三斗作粥待冷麴三升真末二升和納瓮第五日白米三斗百洗全蒸湯水三斗均拌待冷無麴和煎酒納瓮待熟用之

流霞酒
白米二斗五升百洗浸一宿細末湯水二斗五升作粥待冷好麴志三升五合真末一升和納瓮第五日白米五斗百洗浸一宿全蒸湯水五斗和前酒和納瓮二七日後待熟用之

梨花酒
梨花酒造麴法梨花時白米多少任意百洗浸水程宿細末作末重篩以水沶少許和搦力堅作塊如鴉卵大簞內蒸熟牢裏如雞子入置七日後覸置三七日後出見其乜黃白相雜則出發去風藏置用之
白米五十百洗細末熟蒸解塊待冷水十斗沸湯待

冷注水粥好麴末一斗和納瓊豆同日粘米五斗水況水
第三日抨出酒沉水蒸飯待冷納瓮待清上槽
甘香酒
白米五升百洗細末作孔餅熟烹待冷真末五升細
付布重下和釀橫葉均包第三日粘米五斗百洗熟
水一盈況第三日粘米五斗百洗熟
和納瓮五斗日方熟用之
白朮酒
白麴三斗百洗浸水一宿翌日臾洗作醴白米末五
升細和納瓮選釀浧妙艾蒸水和飯選酒上通

丁香酒
白米一升百度況砕程宿作末作孔餅爛待冷麴
一升曝露和納瓮第三日白米一斗百洗程宿以
水一鉢熟爛為限酒納缸置溫處三
七日後用之金文則味金甘下隔處不托日進爲所在

十日酒
白米一斗百洗作末熟蒸以甑下水通中和均待冷
好麴二升和合烱封置凉處五日用之若提熟待別酒甕風水數乜

冬陽酒
白米一升百洗細末作孔餅好麴二升和釀満四日
粘米一斗再洗合蒸湯水一斗和飯待冷前江合釀
其味如蜜

寶泲家酒 此名夏月□□

粘米二斗百洗熟蒸摘熟一盏入瓮置溫塊三日後
熟蒸熱水四瓶和之如粥攪之待冷麴二米和釀待
七日先挹浮米以篩去滓還注瓮浄米六還注又待
七日用之其味余好切忌生水

香夏酒

白米五斗百洗浸宿作末湯水五斗和合半生半熟
待冷麴末五米合釀第七日白米□斗百洗浸宿全蒸
湯水十斗待冷煎酒和釀經七日上槽頃屏倒清芳
味太善則添水月□

南京酒

白米二斗五米百洗浸宿作末湯水二斗五米和合半生半熟
待冷麴二米五合真末一米和納瓮僅七日白米
五斗百洗浸宿全蒸湯水五斗和飯待冷煎酒和釀
僅二七日上槽□□□

進上酒

白米二米百洗浸宿細末作粥待冷麴志二米和納
缸多七ㅂ春秋五日夏三日粘米一斗百洗熟蒸待
冷和煎酒納缸七日後用こ

別酒

白米三斗百洗浸宿作末湯水三斗作粥待冷麴
末七米和合納瓮堅封六日後白米三斗百洗浸一
宿作末如前法和納瓮又六日後白米二斗粘米一
斗百洗浸一宿全蒸無麴水不敗氣納瓮堅封
待熟上槽其味甘香列

梨花酒

白米一斗百洗細末重篩作花餅熟烹裂而待冷麴

削去外皮細末重篩一米三合和合極力均調入缸
以厚紙封口作小孔此氣十五日當用味極甘香且
冽冷水和飲

又

白米一斗百洗作末重篩用細絹作粥待冷麴細□
重篩一米五合和內缸小出氣五□日當用□味好

又碧香酒 烏川釀法

白米三斗百洗浸一宿挹出作末水一盏半常湯作
粥待□冷□翌日麴末三升真末四升和合納瓮第七
日白米八斗百洗浸宿作末水四斗沸湯作粥待冷
翌日麴五米和前酒納瓮第七白米四斗百洗浸
宿全蒸待熱冷無麴和前酒納瓮二七日後上槽

作高里法 烏川家法

七八月真麥任意多少净洗熟蒸少則盛筥多則作
架架上鋪千金木葉楮葉麻葉次鋪草席こ上鋪蓬
麥厚覆前件木柔過十日後出曝乾簁揚藏置時時
多作藏之

造高里法 烏川家法

向陽平處平正石枝中先安择不浄缸坐置水鈴盆
陶盆各一注入好麴五米高里五米納瓮以器盖之
第三日中米一斗一米净洗浸润度乾熟蒸持殼
甕不敗氣納瓮青布及紙堅封又以器盖之經三七
日用之遲一朔方熟充好瓮面作食厚覆前件盖用
之若欲造三盆則水陶盆一鈴盆二注入將麴用
五合高里七米五合納瓮第三日中米一斗七米如
前法熟蒸納之

四節醋

丙日曉頭井花水二升好麴三斤微炒和納缸至丁
日未明搗末一斗而沉熟蒸不歇氣納甕杙枝攪之
堅封置陽地三七日後開用

又丙丁醋
麥三斗字洗如常釀造待熟丙日計滤納缸丁日
粘米二斗而洗熟蒸不歇氣納缸堅封厚圍

菖蒲醋
菖蒲白莖或根細切三升作末計滤納缸丁日
三升和合付缸底待生毛清酒中酒一盈鴻入缸二
七日後用之

木通醋
木通三十斤水三盈藍四七擦和納甕藍四七弓
三日用之

青郊沉菜法
蔓菁蘿洗廳上鋪置下藍必微空埉臾更洗如前下
藍匀令殘菜香草盖之徑三日切三四寸許納甕大
笕則藍二汁小笕則藍一汁半熟泠水和汪待熟用
沉向菜莖洗一盆藍三合戈下之徑一宿更洗下藍如
前納甕汪水勿令殘菜與他菜同
向菜藍汪水勿令殘菜與他菜同

土卯甕沉造
芋莖細剉一斗莖小一握式和合納甕每日以手壓
之則漸小入他甕者擣納以熟為限

計造
茄子摘取洗之甘醬只火盐小許并交合缸內先舖
醬次舖茄子以滿為限堅封盖以沙鉢泥堁埋馬熟

待五日熟則用之未熟則還埋待熟用之

造計
太和斗真麥吅火八斗太洗沉水四五日拯出二物
交合燜如吏楷擂造熟蒸歇氣千金木莖葉中
厚裹置溫凌徑六七日劈碎陽孔作末藍二升

沉東水久藏法
東成大切著藍藏之用時退藍或灰或炸任意用之

茄菹
七八月茄菹不去茄摘取净洗拭巾令無水氣納笕
沉水為限以石鎮之

又
鹹淡適中湯之沸汪下卯頭為山棷與汰交納則菹
不燜兩味甘

水茄菹
八月摘甫茄菹净洗晒乾令無水氣勿頭為朴㙛
山棷與茄交納笕茄一盈沸陽水一盈藍三升和汪
熟時汪上笕面井花水日之鴻下以無泡為度如此
則味起好菹水到底清如水晶

老茄菹
老茄摘取分剉以匙刮去內細切下藍小許望日還
出去笕內水匀下藍山棷交納笕不淂客水久出自
迭水外州則雜用一春六石殘味以勾頭為防笕口
以石重鎮之大怀摭菹編於朴草防口勿以石壓之

雜蔬

生薑瓜蒟如新瓜造蔬操切之生薑細切瓜蒟沉水
玄鹹氣前件三物交合良醬和水鈸器瘥之下真油
中令遍氣烟氣不穽正午陽曝出用童于曝陽夢勿

小許三物及川椒去核小許并入甕妙用之曰用以

安酒亦好

臙糟蒟

脇用酒淬交鹽納先泥塗先已待夏月茄以摘取拭
巾令無水氣深挿糟缸待熟用之有水氣則蟲雜難
沚瞹日而出是月可也於瓜須用童于曝陽夢勿

藏生茄子

八月晦九月勢生茄子不犯手令不傷茄子身具萋
摘取真菁根擇大穴其頭三四叉挿茄蔕陽地選土
室土室內其菁根種し不觸寒氣至雜遍冬正如新
摘

種薑
邵平種瓜法
當三月法花開時掘土深半尺人禾半升交尿灰納
掘穴盖土厚一寸瓜種十條豝列置盂土亦厚一寸
許茄子種法之圓種於三月一日十日四月一日斗
一日五月一日十一日六月一日此後勿種

二月耕田布薑經雨三月又耕艱橫七遍島畦下薑
一尺一科密土厚又布馬糞極厚值六月作箄竳覆
之性不耐寒熱故也鋤不厭頻五六月堇菜方盛冒
雨布糞山沉香菜及挒柔枝展到心布畦上七月茂
盛密根嫩細土盖之蚤沙之可糞九月霜前採之先
托近埃姿作窖沉塗四方待乳熟犬後乳多使至溫

取子沙赤土曝乳鋪窖列薑不觸四旁之不觸友鋪
土薑託上覆土厚三四寸盂以板泥塗四隔穽穴鋪
中令遍氣烟氣不穽正午陽胺持出用至仲春日暄
時出揀善惡復埋為良

種白菜

主秋後雨日不犯銅鉄疎種為佳

種真瓜

二月晦三月初梨花與萊瓳廣尿和灰向沙土交雜
田深耕除堨二三已逐種別端午見熟

種蓮

採蓮根與土交雜盛之踈置泅中然等若種實明年
開花

魚食臨法

川魚劉顖淨洗每一斗着盂五合沉宿經三時更浣
沉盂如希盛布帘俠之板以石壓之玄水向米四
升讓作隨盂二合真末二合和納篘末盈以檐實萋
多布之小石片鎮之滿涯水出之如哥還布鎮涯齐
用乳菜出時先洋水出之如哥還布鎮齐水谷
瓜切如杬沉鈿沉盂玄水弄沉之妙

藏梨

擇不損大梨取不空心大蘿蔔挿梨枝綵裹置腹空
候至春深不朽柑橘上可依此法藏之

沉蘿蔔

唐蘿蔔經霜後玄薑葉或存軟盖菜洗玄土以石磨
玄根嶺更淨洗蘿蔔一盔着盂二升經宿洗玄鹽氣
凌遙一夜挺出鋪荊玄水納甕蘿蔔一盔盂一升五

合式和水满注置不凍室用之二若小盐气和水一盆临下

葱沉菜
葱净洗玄鹿皮石玄渍纳瓮勿推盛满注水二日一
改水夏待三日秋待四日五无气为限逐出更浇
着盐如灑雪葱一件盐一件纳瓮作盐水要鹹尚注
于朴草阁罃口以石镇之待熟用之　其用意玄以鹹浇满注精妙

土色沉菜
正二月真菁根净洗削皮大则剉作片纳瓮净水盐
小許沸汤待冷菁一盆剉水三盆淳之於熟用之
东瓜正果　东瓜任意作片和粉一斤净洗盡玄气和绵囊
沸盆剉其塞無味玄之更和全蜜沸瓮下部椒末纳
缸經久如新

取泡法
太一斗磨破玄皮又绿豆一升别磨玄发沉水待润
後细磨细布城滤之須精玄滓更滤之入釜沸之
葛溫列以冷净水後以釜過整下凡三滤三點水列出
矢以厚石皮漉之覆火上經次氣盆水和冷水至淡
後、入之若有怔心剉泡堅石好徐入之待熟裹

驼駱
雌牛乳好者令犢飲乳乳汁潤出洗乳取之多列一
盆鉢少列半鉢俟經筛三度和作粥若墊駱骆乃沸
湯盛沙缸纳帚鍱一小盆和之置溫暖器夜
半以木插之貢水湯出乃置盆罃盡夜
駱列好濁涠一中鍾之勾　木插立罃於溫家若墓幸夜
骆别入温家不喝幸骆

和合熟搗納瓮中少如損脚末寧至瓮底十數穴監一

外水一鈢和之待熱用之其後根

別名出祖

七月晦時太一斗淨洗熟蒸其火二中合喝如彈丸
天二七日経招十日曝陽玄風待九月水一盃監七
外和釉苋埋馬糞如汁醬法
曝陽玄風待九月水一盃監七

黄豆豆力倫斤寧沉水良至上其蒸里豆汁らこ

奉利君含豉方
七月晦時黄豆十斗淨洗浸一宿熟蒸待入時出蒸
作生艾厚鋪次鋪熟豆列鋪
又以前件末生艾厚鋪二七日後出曝露去風用
每一夕箴限十日待九月初生擇熟甕太二斗監一
汁麹四合水一盃和納甕油紙封口搗新菜厚置甕
盖泥塗其上置覆馬糞中生草厚圍而用之過二七
日出曝陽納甕入置温房風入則味辛

山葵去鹿皮搗之流水浸之無水流數改水令無苦
味熟蒸監清醬香油交令盥甕器中山葵浸一宿陽
乾再浸下胡椒末小許又乳周時食之而進之夏節尤
山葵従飯

末作粥待冷曲七升五合共末一升五合造夜盏
搦定冬盏七々後白米十斗百洗沉宿全盏和
酒入瓮待罨用之

松葉法
松葉六斗水六斗煮取二斗去滓白米一斗百
洗細末和水作粥待冷和曲入瓮三七々後
浸入瓮待冷细末五合和入瓮待清
待冷麹末五合和入瓮待清用之可惟深好熟支

白米三斗百洗细末作粥待冷麴末七升和入瓮三七々
粘米五斗百洗全盏待冷麹三升菊末一斗百作粥
又法蒲菊破碎用之糯米五斗作粥
弱菊法

父法
四月海河白米一斗百洗细末作粥待冷曲一升和
入瓮堅封瓮一月日至四々探出艾葉与末一斗百
長筆布於净席終和承露端午旱路和水作瓮腰曲府去
水掌作木蓋置瓮腰曲府去筅上密封埋於清々三服之
盃去堂坩内八月坐时取筅不浸汁々三服之
疾唱食末與艾為士任定々此水婆和

黄菊花酒法
搦黄菊喫之芳香之甘去搙下旺礼处一斗用
花菊頭三和生绣等之歪去酒面土舖離一招诗
密封瓶口经宿去也味弓否市一功有香之花
休此法十也
托江法壮酒沉百病方

糯米五斗炊好麹七斤半附子五介生為頭子介生

先萓桂以蜀椒各五两右件擣合古末以酿如法書
頭七々烦成壓取糟蜜渡少九小鶏子大投於中立
成美法如时造戍方
地黄酒百造白迷致方
肥地黄坊一大斗擣碎糯米五斗爛炊麹一大升右
件三味去曲窃揉和入纳令津瓮中言泥封去三
七々於々至春子々满開有一盏液是乃精華宜
先饮之餘用生布绞取々小紵饨甘美不過三々
發黑水容若以牛膝汁拌炊稻交妙切忌功白
醒酹法

正月上旬粘米五斗百洗浸弄一两々全蓋々沒洗细末湯
乏盏末一斗二姑或十诛和作粥待冷曲二斗和入
待冷和和五入瓮堅端午用之又正月上旬粘米五斗
瓮堅封附米十斗子百洗浸弄一两々全蓋々切净
挑忧附米一斗百洗漫和二斗待冷曲盏私和沒待桃忧
石洗细末作稳以施和々二斗待冷全盏私和和沒待桃忧
时又以粘米二斗百洗净全盏和入瓮諳弃时用净全盏和入瓮
入瓮諳弃时又用之全盏私和味房

白米二升百洗浸一宿细末々一斗作稳成粥待冷
曲一升全盏造各七々五三々番粘子々
石洗全盏待冷和和任二七々後用之

白米五斗百洗细末济加十斗百洗预浸三七々
入瓮去和和二四尺七後白米十斗百洗预浸三
々々又久全盏於五斗净飯盏盏盏剂待冷曲子々

木枝不絶乃後加菉豆末而作粥和之厚薄看其
熟於後一手將小小指穿三穴之瓢塞三指盛和者
之木注沸水之鼎一手扣其瓢之寓則麵細以木枝
攪在鼎之麵極用之亦將鹽善然後乃作膠之生熟
米花也

毛結伊法

生茄子四折煮於清油將醬殷餘汁沉醬過數年
其味如新又生茄子如前四折煮於清油艮醬中合
於醋及餘汁用之亦可

着與湯法

膏肉小巢大切之後瀉清油於熱鼎中將於肉熟煮
次瀉熏湯而烹煮又將着與削皮細切投之熱湯中
煮之小頃鷄卵擊投之湯每器七八介器四五箇同
煮之

熬魚湯法

清油瀉於熱鼎中川魚勿論大小投之熱煮次將醬
和烹煮以前頃煮還投之又烹之而於又小魚烹者
熟而中小頃着與削皮細切投之又鷄卵破投之烹
煮用之

熬鷄尤法

鷄兒一首去毛羽解四肢洗去血殺清油二合盛鼎
熬鷄肉待熟加清醬二合好酒一匙清水一鍾和艮
醬一合注之鼎熬至一沸細切生葱荊芥於林川椒
末和合之

香芥菹

擇芥末壯大者勿洗以巾拭之稻稈截上下端以刀
三分直折生姜蒜於林香菁油一匙艮醬一 熬
納入芥折空不津缸拡乱之而平兒盛 又油亡
艮醬和合煮而熱注缸翌日用之

過冬芥菜沉法

冬瓜蔓菁及蘿蔔剝皮如常菜切之盛於不津缸內將
行生下之後將菜如於下荒滿荒次記每鋪菜
料兩注下又芥子末麁節 下又茄子剖折并
沉之可

粉湯

膏肉小初味切之菉豆小長麵切之入黃白兩色吐
瓜而苦菁更末一寸許如之菉豆末着於沸於熱而
末極此右件味下湯用之亦用時煎白細折投之用
之於此湯膏肉多而味而矣又三下湯膏肉於林煎
白細切於磨醬和合如榛子作團遍合小為卵煮於
清油中若子麪水頭造作又煮清油上頃雜味下
湯用之又黃熟炊飯入黃染將加我孫如此採作
片小柄湯又將肉生苞於林和三物和均和魚卵作
團後以菉豆末眉於熱而沸也生姜和小豆切之實
於榛子及上頃黃餡加也和肉團和六味入湯沸用
又三色魚尤湯鯔魚首魚和魚尤中剝皮着以菉末
以刀柄於均菉末均入次炎沸於熱而極於冷於中
待冷如而採切之又此魚細切菜末於林於香煎白
和末用磨醬和均心團於魚卵大而於千去皮每一
個分心兩片菉豆作三分以而兵採切之下湯用之

造麹法

六月上寅日菉豆去皮細末作汁和磨粥和麥麩拘
成曲塊乃果於菉厚紙裹於堅縛而極極致待黃蒸
晒乾用之菉豆三斗分麥麩四斗 如例

熬黃法

細磨精粳子交清塗瓮煮火用之麥蘗 末一斗
米蜜一升香油八合清醬小三盞和均於其上採作一塊搗
而於採採印之於鐺下加炭火小烹乃柔蓋之乞色
也用之

◀◆ 『수운잡방(需雲雜方)』원문 해석

삼해주(三亥酒)

정월 첫 해일(돼지날)에 멥쌀 1말을 여러 번 씻어 가루로 만들어 끓는 물 1말을 부어 죽을 만든다. 식기를 기다려 누룩 5되, 밀가루 5되를 섞어 독에 담아 (술을) 빚어 둔다. 다음 해일에 멥쌀 9말을 여러 번 씻어 가루를 내어 쪄서 익히고, 끓는 물 10말을 죽을 만든다. 식기를 기다려 누룩 1말과 함께 먼저 빚은 술(전주)과 섞는다. 셋째 해일에 멥쌀 10말을 여러 번 씻어 가루로 내어 쪄서 익혀 끓는 물 10말과 섞어 죽을 만든다. 식기를 기다려 먼저 빚은 술과 섞어 독에 넣고 익으면 거른다.

삼오주(三午酒)

정월 첫 오일(말의 날)에 밀가루 7되와 좋은 누룩 7되를 냉수 4동이에 섞어 독에 넣고 차지도 덥지도 않은 곳에 둔다. 둘째 오일에 멥쌀 5말을 여러 번 씻어 하룻밤 물에 담가 쪄서 익혀 더운 김이 빠지기 전에 먼저 빚은 술독에 넣는다(덧술로 한다). 셋째 오일에 멥쌀 5말을 여러 번 씻어 푹 쪄서 김이 빠지기 전에 빚은 술독에 넣는다. 넷째 오일에 멥쌀 5되를 같은 방법으로 섞어 단옷날이 되면 쓴다.

사오주(四午酒)

정월 첫 오일(말의 날)에 물 8동이를 팔팔 끓여 식힌 후 독에 붓고 좋은 누룩 1되를 곱게 가루 내어 체로 거듭 쳐서 독에 넣는다. 밀가루 7되를 다시 체로 쳐서 또 독에 넣고 멥쌀 1말을 여러 번 씻어 고운 가루로 풀어 쪄서 익혀 덩어리를 풀고 식기를 기다려 독에 넣고 고루 섞어 차지도 덥지도 않은 곳에 둔다. 다음 오일에 멥쌀 5되를 여러 번 씻어 먼저 방법과 같이 하여 단단히 막아 두었다가 4월 20일에 열어 보면 독 밑바닥까지 맑게 개어 가을 이슬 같은 색을 띠면 떠서 쓴다. 그 찌꺼기는 마치 이화주와 같아 물을 섞어 마시면 맛이 좋다. 또한 소곡주라 하기도 한다. 다른 방법은 물 7동이에 누룩 3되와 밀가루 5되를 쓴다.

벽향주(碧香酒)

멥쌀 1말 5되와 찹쌀 1말 5되를 여러 번 씻어 물에 담근 후 가루로 만들어 끓는 물 4말로 죽을 만들어 식힌다. 좋은 누룩 5되와 밀가루 5되를 고루 섞어 독에 넣는다(술을 빚는다). 7일 후에 멥쌀 8말을 먼저와 같은 방법으로 하고 끓는 물 9말로 죽을 만들어 식힌 후 좋은 누룩 1말을 우려낸 누룩 물과 먼저 빚은 술과 섞어 독에 넣는다. 또 7일이 지난 후에 멥쌀 4말을 여러 번 씻어 완전히 익힌 다음, 이 밥과 끓는 물 5말을 섞어 식힌 후 독에 넣는다. 두이레(14일) 후에 거른다.

만전향주(滿殿香酒)

멥쌀 1말을 여러 번 씻어 하룻밤 물에 담근 후 곱게 가루 내어 끓는 물 3사발로 개어 죽을 만든다. 식은 후 누룩 2되를 섞어 독에 넣는다. 7일 후 멥쌀 2말을 여러 번 씻어 하룻밤 물에 담근 후 푹 찐 다음 끓는 물 6사발과 섞어 식힌 후 누룩 2되와 섞어 독에 넣는다. 7일을 기다려 독의 윗부분이 맑아지면 거른다.

두강주(杜康酒)

멥쌀 5말을 여러 번 씻어 하룻밤 물에 담갔다가 곱게 가루 내어 끓는 물 14사발로 죽을 만들어 식힌 후 좋은 누룩 1말과 섞어 독에 넣는다. 만 5일 후에 멥쌀 5말을 먼저와 같은 방법으로 섞어 넣는다. 또 5일이 지난 후 멥쌀 5말을 여러 번 씻어 하룻밤 물에 담가 두었다가 푹 찐 후 김이 빠지기 전에 독에 넣고 익기를 기다려 거른다.

벽향주(碧香酒)

멥쌀 4말을 여러 번 씻어 곱게 가루 내어 끓는 물 5말로 죽을 만들어 식힌 후 누룩 1말과 섞어 독에 넣는다. 만 5일 후 멥쌀 4말을 먼저와 같은 방법으로 독에 넣는다. 만 5일 후에 멥쌀 8말을 여러 번 씻어 곱게 가루 내어 쪄 익혀 끓는 물 9말로 먼저 방법과 같이 죽을 만들어 독에 넣는다. 20일이 지나면 거른다.

칠두주(七斗酒)

멥쌀 2말 5되를 여러 번 씻어 하룻밤 물에 담근 다음 곱게 가루 내어 끓는 물 3말로 죽을 만들어 식힌 후 누룩 5되, 밀가루 2되를 섞어 독에 넣는다. 만 3일 후 멥쌀 4말 5되를 여러 번 씻어 완전히 익힌 다음 끓는 물 5말로 먼저 술과 고루 저어 섞고 독에 넣고 익기를 기다려 거른다.

소곡주(小麯酒)

멥쌀 3말을 여러 번 씻고 곱게 가루 내어 끓는 물 3되로 죽을 만들어 식기를 기다려 누룩 5되, 밀가루 5되와 섞어 독에 넣는다. 익기를 기다려 멥쌀 6말을 여러 번 씻어 곱게 가루 내어 푹 찐 후 끓는 물 6말로 죽을 만들어 식힌 후 먼저 빚은 술과 섞어 독에 넣는다. 익기를 기다려 멥쌀 6말을 여러 번 씻고 푹 찐 후 끓는 물 6말과 이 밥을 섞어 식힌 후 먼저 방법과 같이 독에 넣는다. 익기를 기다려 쓴다.

감향주(甘香酒)

멥쌀 2말을 여러 번 씻고 곱게 가루 내어 끓는 물 1말로 죽을 만들어 식힌 다음, 누룩 1되와 섞어 독에 넣는다. 겨울이면 7일, 여름이면 3일, 봄·가을 5일 후에 찹쌀 2말을 여러 번 씻어 푹 찐 후 식기를 기다려 먼저 담근 술과 섞어 독에 넣는다. 7일이 지나면 쓴다.

백자주(栢子酒)

콩팥과 방광이 냉한 것을 다스리고 두풍, 백사 및 치매 들린 것을 없앤다. 백자 1말을 아주 깨끗이 씻어 곱게 찧은 다음 물 4말을 넣고 체로 껍질과 찌꺼기를 걸러 없애고 팔팔 끓인다. 멥쌀 1말 5되와 찹쌀 1말 5되를 여러 번 씻어 곱게 가루 내어 쪄 익힌 다음 먼저의 끓인 물 4말과 섞어 밑술을 만든다. 식기를 기다려 누룩가루 3되와 섞어 독에 넣고 맑아지기를 기다려 거른다.

호도주(胡桃酒)

오로칠상(五勞七傷)을 다스리고 부족한 기를 보충한다. 멥쌀 1말을 여러 번 씻어 곱게 가루 내어 팔팔 끓인 물 1말을 섞어 떡을 만든다. 식기를 기다려 호두 5홉을 곱게 갈아 누룩 5되와 고루 섞어 독에 넣고 익도록 기다린다. 멥쌀 3말을 여러 번 씻어 찐 밥에 물 3말을 고루 섞어 식힌 후 누룩 3되, 호도열매 1되 5홉을 곱게 갈아 먼저 방법과 같이 섞어 독에 넣는다. 익기를 기다려 쓴다.

상실주(橡實酒)

도토리 쌀 1섬을 흐르는 물에 담가 오래 우려내어 거친 가루를 햇볕에 말려 곱게 가루 낸다. 찹쌀 6말을 여러 번 씻어 곱게 가루 내어 함께 섞어 푹 찐다. 식기를 기다려 2가지를 합한 것 2말당 좋은 누룩 3되 꼴로 섞어 독에 넣고 익도록 기다린다. 찹쌀을 곱게 가루 내어 1동이 죽을 만들어 독에 넣는다. 술이 바닥까지 맑게 가라앉으면 떠서 청주로 쓴다. 나머지 붉은 찰 죽은 거두어서 거른 후 그 찌꺼기는 햇볕에 말려 보관하여 멀리 여행할 때 먹으면 좋다. 3~4월에 매사냥 시 오후에 하인들이 허갈져 하면 냉수에 섞어 마시면 몸이 가벼워지고 팔 힘이 세진다.

하일약주(夏日藥酒)

멥쌀 3말을 여러 번 씻어 곱게 가루 내어 끓는 물 7사발로 죽을 만든다. 식기를 기다려 누룩 5되를 섞어 술을 빚는다. 3일 후에 멥쌀 4말, 찹쌀 1말을 여러 번 씻어 푹 찐 후 끓는 물 5말과 섞는다. 식기를 기다려 먼저 빚은 술과 섞어 술을 빚는다. 7일이 지나면 쓴다.

삼일주(三日酒)

멥쌀 1말을 여러 번 씻어 하룻밤 물에 담갔다가 곱게 가루 내어 쪄 익혀 식힌다. 이보다 하루 전에 물 1말을 팔팔 끓여 식기를 기다려 누룩 3되와 섞어 독에 넣는다. 다음날 식힌 찐 떡과 먼저 물을 섞어 독에 넣는다. 그 다음날 열어서 쓴다. 다시 5~6일 후, 멥쌀 2말을 여러 번 씻어 하룻밤 물에 담근 후 밥같이 쪄 익혀 먼저 빚은 술과 섞어 술을 빚는다. 이칠일(14일) 후에는 향기가 난다. 사계절 모두 빚을 수 있으나 여름철이 가장 좋다. 술을 빚을 때 누룩 물을 체로 쳐서 찌꺼기를 없애면 빛깔이 아름답다.

하일청주(夏日清酒)

찹쌀 3말을 여러 번 씻어 끓는 물 2동이에 3일간 담가 우려내어 쪄 익히고, 앞의 (우려낸) 물을 다시 끓여 밥과 섞어 식힌 후 누룩 6되를 섞어 술을 빚는다. (밥알이) 개미처럼 뜨면 쓴다. 누룩을 주머니에 싸서 담그면 오래 되어도 맛이 변하지 않는다. 술이 많고 적음은 뜻대로 빚는다.

하일점주(夏日粘酒)

찹쌀 2말을 여러 번 씻어 독에 넣고 뜨거운 물 한 동이를 붓고 3일을 기다린다. 이 물을 다시 끓이고 찐 밥이 식기를 기다린다. 다음날 누룩 4되와 섞어 술을 빚는다. 7일이면 익는다. 또, 찹쌀 1말을 여러 번 씻어 독에 넣고 뜨거운 물과 같이 독에 넣는다. 3일이 지나서 쌀을 쪄 익히고, 똑같이 끓인 물과 섞고 누룩 1되와 술을 빚는다. 7일이면 맑아지며 구더기 같은 밥알이 뜬다.

소곡주 또다른 방법(小麴 酒又法)

정이월 안에 멥쌀 5말을 여러 번 씻어 가루 내어 끓는 물 6동이 반으로 죽을 만든다. 식힌 후 누룩 5되, 밀가루 5되를 섞어 술을 빚는다. 7일을 기다려 멥쌀 5말을 가루 내어 되게 쪄 먼저 술과 섞어 술을 빚는다. 다시 7일을 기다려 앞의 방법대로 섞어 술을 빚어 덥지도 춥지도 않은 곳에 놓아둔다. 모란과 장미가 필 무렵 맑아지면 떠서 쓴다. 지게미는 물에 타서 마시면 이화주와 같다. 이는 향이 아주 진하다.

진맥소주(眞麥燒酒)

밀 1말을 깨끗이 씻어 무르게 찐다. 좋은 누룩 5되와 함께 찧어서 독에 넣고 냉수 1동이를 넣고 섞는다. 5일째 되는 날에 술을 고면 술 4복자가 나오는데 아주 독하다.

녹파주(綠波酒)

멥쌀 1말을 여러 번 씻어 가루 내어 물 3말로 죽을 만들어 식힌 후 누룩 1되, 밀가루 5홉을 섞어 독에 넣는다. 3일 후 찹쌀 2말을 여러 번 씻어 밥을 짓고 식으면 먼저 술과 섞어 독에 넣는다. 12일이면 봉한 것을 열고 쓴다.

일일주(一日酒)

물 3말, 좋은 누룩 2되, 좋은 술 1사발을 섞어 새지 않는 독에 넣는다. 멥쌀 1말을 깨끗이 씻어 쪄 익힌 후 김이 빠지기 전에 물소리를 내지 않도록 독에 넣고, 젖지 않고 따뜻한 곳에 놓아두면 아침에 빚은 술은 저녁이면 익고, 저녁에 빚은 술은 아침이면 익는다.

도인주(桃仁酒)

도인 500개를 껍질을 벗기고, 뾰족한 곳과 쌍둥이는 버린다. 청주 3병을 부어 가며 '물갈기'를 하여 고운 명주로 걸러 물이 새지 않는 항아리에 넣고 입구를 막고 솥에 띄어 중탕한다. 쓸 때에 술 빛이 누르면 좋은 것이 된다. 매일 아침에 따뜻하게 한 종지씩 복용한다. 껍질을 벗길 때 물에 담그면 수월하다.

백화주(白花酒)

멥쌀 3말을 여러 번 씻어 가루 내어 물 4말이 3말이 되도록 매우 끓여 달인 물로 죽을 만든다. 식기를 기다려 누룩 3되, 밀가루 2되를 섞어 독에 넣는다. 5일째 되는 날 멥쌀 3말을 여러 번 씻어 완전히 찌고, 끓는 물 3말과 고루 섞어 식힌 후 누룩 없이 먼저 빚은 술과 섞어 독에 넣는다. 익기를 기다려 쓴다.

유하주(流霞酒)

멥쌀 2말 5되를 여러 번 씻어 하룻밤 물에 담갔다가 곱게 가루 내어 끓는 물 2말 5되로 죽을 만든다. 반쯤 익힌 죽을 좋은 누룩가루 3되 5홉, 밀가루 1되를 섞어 독에 넣는다. 7일 후 멥쌀 5말을 여러 번 씻어 하룻밤 물에 담갔다가 완전히 찌고, 끓는 물 5말에 밥을 섞어 식힌 후 앞에 빚은 술을 내어 섞은 후 독에 넣는다. 이칠일(14일) 후 익기를 기다려 쓴다.

이화주 조국법(梨花酒造麴法)

배꽃이 필 무렵, 멥쌀 얼마간을 뜻대로 취해 여러 번 씻어 물에 담가 밤을 재운 다음, 아주 곱게 가루 내어 체로 거듭 친다. 물을 조금씩 뿌리며 힘주어 섞어서 오리알 크기의 단단한 덩어리로 만든다. 개개의 덩어리를 달걀 꾸러미 모양으로 다북쑥 꾸러미로 싸서 빈 섬에 넣어 둔다. 7일 후 뒤집어 주고 삼칠일(21일) 후에 꺼내 보아 그 빛이 누런색과 흰색 곰팡이가 서로 섞여 있으면 꺼내어 잠깐 바람을 쏘였다가 저장해두고 쓴다.

오두주(五斗酒)

멥쌀 5말을 여러 번 씻어 곱게 가루 내어 쪄 익혀 덩어리를 부수고 식힌 후, 물 10말을 끓여 식혀 부어 죽을 만들고 좋은 누룩가루 1말을 섞어 독에 넣는다. 같은 날 찹쌀 5되를 물에 담갔다가 3일째 되는 날 건져 내고 물을 뿌려 가며 밥을 찐다. 식기를 기다려 독에 넣고 맑아지면 거른다.

감향주(甘香酒)

멥쌀 5말을 여러 번 씻어 곱게 가루 내어 구멍떡을 만들어 삶아 익힌다. 식은 후 밀가루 5되를 고은 모시포로 쳐서 내려 섞고 닥나무 잎으로 고르게 싸서 술을 빚는다. 3일째 되는 날 찹쌀 5말을 여러 번 씻고 끓인 물 1동이에 담가 하룻밤 재운다. 다시 3일째 되는 날 건져내고 쌀 담았던 물을 뿌려가며 찐다. 식기를 기다려 먼저 담근 술을 꺼내어 섞어 독에 넣는다. 5~6일후 잘 익으면 쓴다.

백출주(白尤酒)

멥쌀 3말을 여러 번 씻어 물에 담가 하룻밤 재운다. 다음날 다시 씻어 밑술을 만들고 백출가루 5되와 누룩 5되를 섞어 독에 넣은 후 익기를 기다려 걸러 물을 섞어 마신다. 백출 진하게 달인 물에 밥을 섞어 술을 만든다. 또한 쑥 달인 물에 밥을 말아 술을 만들어도 좋다.

정향주(丁香酒)

멥쌀 1되를 여러 번 깨끗이 씻어 하룻밤 지나고 가루 내어 구멍떡을 만들어 아주 무르게 쪄 식힌다. 식기를 기다려 밤이슬을 맞힌 누룩 1되와 섞어 작은 그릇에 넣는다. 3일째 되는 날 멥쌀 1말을 여러 번 씻어 밤을 지내고 물 1사발 뿌려가며 푹 익을 때까지 찐다. 식기를 기다려 먼저 빚은 밑술과 섞어 항아리에 넣고 따뜻한 곳에 둔다. 삼칠일(21일) 후 쓴다. 오래 둘수록 맛이 달다. (술 항아리) 두는 곳은 햇볕이 들지 않는 한적한 곳에 둔다. 아래도 같다.

십일주(十日酒)

멥쌀 1말을 여러 번 씻어 가루로 만들어 쪄 익히는데 시루 밑의 물을 적당히 부어가며 고르게 섞는다. 식힌 후 좋은 누룩 2되와 함께 섞어 독에 넣고 봉한 후 서늘한 곳에 둔다. 5일을 기다려 정화수 2동이를 1동이가 되도록 끓여 달인 물을 첨가하며 먼저 빚은 술을 걸러내어 병에 담아 둔다. 멥쌀 또는 찹쌀 2되를 여러 번 씻어 무르게 밥을 지어 식힌 후 누룩 1되와 섞어 독에 넣은 다음 걸러 낸 술을 붓고 입구를 막는다. 다시 따뜻한 곳에 두어 5일을 기다린 후 쓴다. 만약 술독이 너무 더우면 술독을 물에 담가 둔다. 여러 번 신중히 물을 갈아서 더운 기가 없도록 한다.

동양주(冬陽酒)

멥쌀 1되를 여러 번 씻어 곱게 가루 내어 구멍떡을 만들어 좋은 누룩 2되와 섞어 술을 빚는다. 4일을 간격을 두고 찹쌀 1말을 여러 번 씻어 완전히 찐 다음, 끓는 물 1말과 찰밥을 섞어 식힌 후 먼저 빚은 술과 함께 술을 빚는다. 그 맛이 꿀과 같다.

보경가주(寶鏡家酒)

이 역시 하일주이다. 찹쌀 2말을 여러 번 씻어 끓였다가 약간 열기가 있는 물 1동이와 섞어 독에 넣고 온돌에 둔다. 3일 후에 찹쌀을 쪄 익히고 달인 물 4병과 섞어 죽처럼 저어준다. 식기를 기다려 누룩 2되와 섞어 술을 빚는다. 7일을 기다려 뜬 밥알을 먼저 건져두고, 체로 걸러 찌꺼기는 버리고 건져둔 밥알과 같이 독에 다시 부어둔다. 다시 7일이 지나면 쓴다. 그 맛이 매우 좋다. 생수는 절대로 피해야 한다.

동하주(冬夏酒)

멥쌀 5말을 여러 번 씻어 하룻밤 재우고 가루로 내어 끓는 물 5말과 함께 섞어 반쯤 익히고, 식은 후 누룩가루 5되와 함께 술을 빚는다. 6일째 되는 날 멥쌀 10말을 여러 번 씻어 하룻밤 물에 담갔다가 완전히 찐 후 끓는 물 10말과 섞는다. 식기를 기다려 먼저 빚은 술과 섞어 술을 빚는다. 7일이 지나면 거른다. 반드시 다시 걸러 맑아질 때 까지 거른다. 맛이 너무 쓰면 물을 타서 쓴다.

남경주(南京酒)

멥쌀 2말5되를 여러 번 씻어 하룻밤 물에 담갔다가 곱게 가루로 내어 끓는 물 2말 5되로 죽을 만든다. 식은 후 좋은 누룩 2되 5홉, 밀가루 1되를 섞어 독에 넣는다. 7일 간격을 두고 멥쌀 5말을 여러 번 씻어 하룻밤 물에 담갔다가 완전히 찐 후 끓는 물 5말과 이 밥을 섞어 식힌 후 먼저 빚은 술과 섞어 술을 빚는다. 이칠일(14일)이 지나면 거른다. 물은 흐르는 개울물을 쓴다.

진상주(進上酒)

멥쌀 2되를 여러 번 씻어 물에 담가 하룻밤 재운 후 곱게 가루 내어 죽을 만든다. 식기를 기다려 누룩가루 2되와 섞어 항아리에 넣고 겨울에는 7일, 봄 · 가을에는 5일, 여름에는 3일 지난 후 찹쌀 1말을 여러 번 씻고 쪄 익히고 식으면 먼저 술과 섞어 항아리에 넣는다. 7일 후 쓴다.

별주(別酒)

멥쌀 3말을 여러 번 씻어 물에 담가 하룻밤 재운 후 가루로 만들어 끓는 물 3말과 섞어 죽을 만든다. 좋은 누룩가루 6되와 섞어 함께 독에 넣고 단단히 막는다. 6일이 지난 후 멥쌀 3말을 여러 번 씻어 하룻밤 재운 후 가루로 내어 앞의 방법과 같이 섞어 독에 넣는다. 다시 6일 후에 멥쌀 2말과 찹쌀 1말을 여러 번 씻어 하룻밤 재운 후 통째로 찐 후 누룩물이 없이 김이 빠지기 전에 독에 넣고 고루 섞어 단단히 막는다. 익기를 기다려 거르면 그 맛이 달고 향기롭고 독하다.

이화주(梨花酒)

멥쌀 1말을 여러 번 씻어 곱게 가루 내어 체로 거듭 쳐서 구멍떡을 만들어 푹 찐다. 식으면 겉껍질을 벗기고 곱게 가루 내어 체로 곱게 친 누룩가루 1되 3홉과 함께 힘을 주어 고루 섞어 항아리에 넣고 두꺼운 종이로 입구를 막고 공기가 빠지도록 작은 구멍을 낸다. 15일이 지나면 쓰는데, 맛이 매우 달고 향기롭다. 냉수에 타서 마시기도 한다.

또 다른 벽향주(又碧香酒)

멥쌀 3말을 여러 번 씻어 하룻밤 재워 꺼낸 후 가루로 만들어 끓는 물 1동이 반과 섞어 죽을 만든다. 완전히 식도록 기다리기 위해 다음날 누룩가루 3되, 밀가루 4되를 함께 섞어 독에 넣는다. 7일후 멥쌀 8말을 여러 번 씻어 하룻밤 재워 가루로 만들어 끓는 물 4동이로 죽을 만든다. 식힌 다음날 누룩(가루) 5되를 먼저 술과 섞어 독에 넣는다. 7일후 멥쌀 4말을 여러 번 씻어 하룻밤 재워 통째로 쪄 완전히 식힌 후 누룩 없이 먼저 술과 섞어 독에 넣는다. 이칠일(14일) 후에 거른다.

고리 만드는 법(作高里法)

7~8월 적당한 양의 밀을 깨끗이 씻어 쪄 익힌 후 , 양이 적으면 고리짝에 담고 많으면 시렁을 매고 그 위에 박나무(千金木)잎, 닥나무(楮)잎, 삼(麻)잎을 깔고 그 위에 초석(자리)를 깐 다음 찐 밀을 깔고 앞의 나뭇잎으로 두껍게 덮는다. 10일 후에 꺼내어 햇볕에 말리고 키질을 하여 저장한다. 때맞추어 많이 만들어 저장해둔다.

고리초 만드는 법(造高里醋法)

양지바른 곳에 평편하고 반듯한 돌을 놓고, 먼저 그 가운데에 물이 새지 않는 독을 올려놓는다. 여기에다 물을 놋소라와 질소라로 각 1개씩 붓고 좋은 누룩 5되, 고리 5되를 섞어 넣고 그릇으로 된 뚜껑을 덮는다. 3일째 되는 날 중미(中米) 1말 1되를 깨끗이 씻어 물에 불려 애초에 되게 쪄서 김이 빠지기 전에 시루째 들어 독에 붓고 청포와 종이로 단단히 봉하고 다시 그릇으로 된 뚜껑을 덮는다. 세이레(21일)가 지나면 쓴다. 그러나 한 달이 지나면 더 잘 익으므로 더욱 좋다. 독은 덮개 이불로 두껍게 싸두고 다 먹을 때까지 쓴다. 만약 3동이를 만들려고 하면 질소라 1개 분량, 놋소라 2개 분량을 넣고 좋은 누룩 7되 5홉, 고리 7되 5홉을 섞어 독에 넣고 3일 후에 중미 1말 7되를 똑같은 방법으로 쪄 익혀 넣는다.

사절초(四節醋)

병(丙)일 새벽에 정화수 2말에다 좋은 누룩 3되를 살짝 볶아 같이 항아리에 넣는다. 정(丁)일 밝기 전에 찹쌀 1말을 여러 번 씻어 쪄 익혀 김이 빠지지 않게 독에 담고 복숭아나무 가지로 휘저은 후 단단히 봉하여 양지바른 곳에 두고 세이레(21일) 후에 열고 쓴다.

또 병정초(又丙丁醋)

보리쌀 3말을 깨끗이 씻어 보통의 술 담그는 방법대로 술을 빚는다. 익기를 기다려 병(丙)일에 술을 걸러 항아리에 담고, 정(丁)일에 찹쌀 2말을 여러 번 씻어 쪄 익혀 김이 빠지기 전에 항아리에 담고 단단히 봉한 후에 둘러싼다.

창포초(菖蒲醋)

창포 흰 줄기 또는 뿌리 잘게 썬 것 3되와 쌀 3되를 가루로 내어 구멍떡을 만들고, 좋은 누룩 3되와 고루 섞어 항아리 바닥에 놓아둔다. 곰팡이가 피기를 기다려 청주나 탁주 1동이를 부어 넣었다가 이칠일(14일) 후에 쓴다.

목통초(木通醋)

으름 30근, 물 3동이, 소금 살짝 3움큼을 섞어 독에 넣고 따뜻한 곳에 두었다가 3일 후에 쓴다.

청교침채법(靑郊沈菜法)

순무를 아주 깨끗이 씻어서 밭 위에 널어놓고 눈이 살짝 덮인 것처럼 소금을 뿌린다. 잠시 후에 다시 먼저와 같이 씻어 소금을 뿌리고 남은 우거지와 향채로 고르게 덮는다. 3일이 지난 후 3~4치 길이로 잘라 독에 담는다. 큰독이면 소금 2되, 적은 독이면 소금 1되를 넣는다. 반쯤 익으면 찬물을 넣고, 익으면 쓴다.

침백채(沈白菜)

늦게 심은 메밀의 아직 열매를 맺지 않은 연한 줄기를 거두는 것도 이 방법과 같다. 머위를 깨끗이 씻고 한 동이에 소금 3홉씩을 뿌려 하룻밤 재운 다음 다시 씻어 먼저와 같이 소금을 뿌려 독에 넣고 물을 붓는다. 남은 우거지와 다른 채소로 고르게 덮는다.

토란줄기 김치(土卵莖沈造)

토란줄기 가늘게 썬 것 1말에 소금 살짝 1움큼씩을 고르게 섞어 독에 담는다. 매일 손으로 눌러 점차 작은 그릇에 옮겨 담기를 익을 때까지 한다.

즙저(汁菹)

가지를 따서 씻고, 간장과 밀기울 그리고 약간의 소금을 같이 섞어 항아리에 담는다. 담을 때는 먼저 장을 깔고 다음에 가지를 까는데, 항아리가 가득 찰 때까지 한다. 사발과 진흙으로 입구를 단단히 막고 말똥 속에 묻는다. 5일이면 익으므로 쓴다. 덜 익었으면 다시 묻었다가 익으면 쓴다.

즙장(造汁)

콩 4말, 밀기울 8말을 콩을 먼저 물에 4~5일 담근 후에 건져내어 두 가지를 섞어 곱게 찧는다. 손으로 메주처럼 만들어 쪄 익혀 김을 뺀 후, 박나무 잎이나 닥나무 잎으로 두껍게 싸서 따뜻한 곳에 둔다. 6~7일이 지난 후 이것을 부쉬 햇볕에 말려 가루로 만든다. 이 가루 1말에 소금 2되를 섞는다. 가지를 저장하는 데에만 쓰며 독에 담아 앞에서와같이 묻어둔다. 또한 통밀과 콩을 같은 양으로 해서 통째로 쪄서 같이 찧어 손으로 만들어도 된다.

침동아구장법(沈東瓜久藏法)

동아를 크게 썰어 소금에 절여 저장하고 쓸 때, 소금을 우려내거나 굽거나 불에 그을려서 마음대로 쓴다.

과저(苽菹)

7~8월에 가지나 오이를 씻지 않고 행주로 닦는다. 소금 3되에 물 3동이를 1동이가 되도록 끓여 식힌 후, 오이 사이에 할미꽃(백두옹)잎과 줄기를 켜켜이 넣는 식으로 독에 담는다. 준비된 물을 오이가 잠길 때까지 붓고 돌로 눌러 둔다. 또, 7~8월에 늙지 않은 오이를 따서 깨끗이 씻어 수건으로 닦아 물기를 없애고 독에 담는다. 간을 맞춘 소금물을 한번 끓여 붓는다. 할미꽃 풀과 산초를 오이와 켜켜이 섞어 담그면 오이김치는 물러지지 않고 맛이 달다.

수과저(水苽菹)

8월에 오이를 따서 깨끗이 씻어 광주리에 담아 햇볕에 말려 물기를 없앤다. 할미꽃을 박초로 산초와 오이를 켜켜이 섞어 독에 넣는다. 오이 1동이를 담그려면 끓인 물 1동이에 소금 3되를 섞어 붓는다. 익을 때 독 윗면에 거품이 괴어오르면 거품이 일지 않을 정도로 매일 정화수로 부어내린다. 이렇게 하면 맛이 매우 좋고 김치 국물은 독 밑바닥까지 맑아 마치 수정과 같다.

노과저(老苽菹)

늙은 오이를 따서 반으로 갈라 수저로 속을 긁어내고 잘게 썰어 약간의 소금을 뿌린다. 다음날 다시 꺼내어 독안의 물기를 없애고 소금을 많이 뿌린 다음 산초와 켜켜이 섞어 독에 담는다. 겉물을 붓지 않아도 역시 자연히 물이 나온다. 이렇게 하면 할미꽃(백두옹)으로 독의 입구를 막고 돌로 무겁게 눌러 두는 것으로 1년이 지나도 맛이 변하지 않는다. 대체로 오이김치는 박초를 엮어 독 입구를 막고 돌로 눌러 두기를 많이 한다.

치저(雉菹)

꿩과 오이는 날 오이로 김치를 담글 때의 모양으로 썰고, 생강도 가늘게 썬다. 오이는 물에 담가 소금기를 우려낸 후, 이 세 가지를 섞어둔다. 간장에 물을 타서 무쇠 그릇에 넣고 끓인 후 참기름을 조금 넣는다. 여기에다 위의 세 가지 식품과 씨를 뺀 산초, 소금을 같이 넣고 끓인다. 잠깐 끓이면 맛있게 먹을 수 있고, 안주로 해도 역시 좋다.

납조저(臘糟菹)

납일에 술지게미와 소금을 섞어 독에 넣고 진흙으로 독 입구를 발라둔다. 여름철에 가지나 오이를 따서 수건으로 물기가 없도록 닦아 술지게미 독에 깊이 박아 넣고 익으면 쓴다. 물기가 있으면 벌레가 생긴다. 납일이 아닐지라도 이 달을 넘기지 않으면 담글 수 있다. 가지와 오이는 반드시 동자(童子)로 하여금 햇볕에 쏘이게 한 것을 쓰면 맛이 좋다.

생가지 저장(藏生茄子)

8월말이나 9월 초에 생가지를 손을 타서 상하지 않도록 하고 잎이 달린 채로 딴다. 무 큰 것을 골라 머리 부분 3~4곳에 구멍을 뚫고 가지 줄기를 꽂는다. 양지 바른 곳에 움을 만들고 그 움 안에 무를 심어 찬 기운이 미치지 않도록 하면 (가지는) 겨울철이 지나도록 새로 딴 것과 같다.

오이씨 심기(邵平種瓜法)

3월이 되어 살구꽃이 필 무렵, 반자 깊이로 땅을 파고 인분(똥) 반 되를 오줌과 재와 섞어 구덩이에 넣고 한 치 두께로 흙을 덮는다. 오이씨 10여 개를 줄을 세워 심고 다시 한 치 두께로 흙을 덮는다. 3월 1일~10일, 4월 1일~10일, 5월 1일~11일에 심고 6월 1일 이후에는 심지 말아야 한다.

생강 심기(種薑)

2월에 밭을 갈고 분(똥)을 덮어 간다. 비가 온 후 3월에 다시 가로, 세로로 일곱 번을 간다. 밭고랑마다 한자 간격으로 생강 한 톨씩 심고 흙을 두껍게 덮고 다시 마분을 두껍게 덮는다. 6월이 되면 갈대밭을 만들어 덮는다. 생강의 특성이 추위와 더위를 견디지 못하기 때문이다. 김매기는 싫어하지 않고, 5~6월 줄기가 무성해지면 비에 견디도록 분을 산같이 생강 채를 북돋아 주고 버드나무 어린 가지를 크게 쪼개어 다시 밭고랑 위를 덮는다. 7월에 생강 채가 무성해져 뿌리가 노출되면 고운 흙을 채로 쳐서 덮어주며 누에똥을 거름으로 주어도 좋다. 9월에 서리 내리기 전에 거둔다. 먼저 굴뚝 근처에 움을 파고 진흙으로 사방을 발라 말린 후 다시 불을 지펴 말린다. 습기가 생기지 않도록 하기 위해 모래가 없는 적토(붉은 진흙)를 채취하여 햇볕에 말려 움에 깐다. 생강은 사방 벽과, 또 서로가 닿지 않도록 펴놓고 흙을 까는데 생강 위에 3~4치 두께로 흙을 덮고 판자로 움을 덮는다. 네 귀퉁이를 진흙으로 바르고 판자에 구멍을 뚫어 통기 되도록 하여 김이 서리지 않게 한다. 한낮에 해가 있을 때 꺼내어 쓴다. 봄날 따뜻한 때에 꺼내어 좋은 것과 나쁜 것을 가려내어 다시 묻는 것이 좋다.

머위심기(種白菜)

입춘 후 유(酉)일에 구리와 쇠에 닿지 않게 하고 드물게 파종하는 것이 좋다.

참외심기(種眞瓜)

2월 그믐에서 3월 초에 배꽃이 피고 잎이 넓어지기 시작 할 때, 오줌과 재와 함께 사토에 섞는다. 밭을 깊게 갈아 흙덩어리를 없애고 2~3 발자국 자리마다 씨앗을 심으면 단오에는 익은 것을 보게 된다.

연근 심기(種蓮)

연근을 채취하여 흙을 붙여서 돌에 얹어 연못에 드물게 놓아둔다. 종 근이 좋으면 다음해에 꽃이 핀다.

어식해법(魚食醢法)

천어 배를 갈라 깨끗이 씻은 것 1말에 소금 5홉을 하룻밤 재워 3시간 지난 후 다시 씻어 먼저 방법대로 소금에 절인다. (이것을)포대에 담아서 판자에 끼워 돌로 눌러 물기를 뺀다. 멥쌀 4되로 밥을 지어 소금 2홉과 밀가루 2홉을 섞어 독에 넣는다. 독의 채워지지 않는 부분은 (마른)도토리 나뭇잎으로 채우고 작은 돌로 누르고 물을 가득 붓는다. 생 도토리 나뭇잎은 식해의 맛을 시게 하므로 반드시 마른 잎을 쓴다. 쓸 때에는 먼저 부은 물을 퍼 낸 다음 (쓰고, 쓰고 난 다음에는)동아를 옷고름처럼 썰어 소금에 절여 물기를 빼고 함께 담가도 역시 좋다.

배 저장(藏梨)

상하지 않은 큰 배를 고르고, 속이 비지 않은 큰 무를 취하여 배나무 가지째 꽂고 종이 봉지에 싸서 따뜻한 곳에 두면 봄이 무르익어도 썩지 않는다. 감귤도 이 방법으로 저장할 수 있다.

무 김치(沈蘿蔔)

서리가 내린 후 당무의 줄기와 잎은 버리거나 혹 연한 줄기와 잎은 그냥 둔 채 흙은 씻어 버리고, 잔뿌리는 돌로 문질러 없앤 후 다시 깨끗이 씻는다. 무 1동이에 소금 2되를 뿌려 하룻밤 재운 후 씻어 소금기를 없앤 다음, 하룻밤 물에 담갔다가 꺼내어 발에 얹어 물기를 없애고 독에 넣는다. 무 1동이에 소금 1되 5홉씩을 물에 섞어 가득 채운 후 얼지 않는 곳에 두고 쓴다. 만약 싱거우면 1동이당 소금 2되씩을 물에 섞어 붓는다.

김치(蔥沈菜)

파를 깨끗이 씻어 바깥 껍질을 벗겨내고 잔뿌리는 둔 채로 독에 넣는다. 고루게 누른 다음, 물을 가득 채운다. 이틀에 한번씩 물을 갈아준다. 여름철에는 3일, 가을철에는 4~5일 기다려 매운 기가 가시면 꺼내어 다시 씻어 눈이 내린 듯 소금을 뿌린다. 파 한층, 소금 한층. 켜켜 독에 넣고 소금물을 약간 짜게 만들어 독에 가득 채운다. 박초로 독의 입구를 막고 돌로 눌러 두고 익으면 쓴다. 쓸 때 껍질과 잔뿌리를 없애면 색이 하얗고 좋다.

동치미(土邑沈菜)

정이월 참무를 깨끗이 씻어 껍질을 벗기고 큰 것은 잘라 조각을 만들어 독에 넣는다. 깨끗한 물에 소금을 조금 넣고 끓여 식힌 후 무 한 동이에 물 세 동이 씩 부었다가 익으면 쓴다.

동아정과(東瓜正果)

동아를 적당한 조각으로 잘라 조개가루를 섞어 하룻밤 재워 깨끗이 씻어 회분을 없앤다. (여기에)꿀을 넣어 졸이다가 꿀이 맛이 없어지면 들어내고 다시 온전한 꿀을 넣어 졸여 후춧가루를 뿌려 항아리에 담는다.

오래 되어도 새것과 같다.

두부 만들기(取泡)

콩 1말을 타서 껍질을 없애고 다시 녹두 1되를 따로 갈아 껍질을 없애고 물에 담근다. 불린 후에 천천히 곱게 갈아 올이 가는 포대에 넣고 걸러 찌꺼기가 없도록 정하게 하여 다시 거른다. 가마솥에 넣고 끓이다가 넘치면 깨끗한 찬물로 솥의 가장자리를 따라 천천히 붓는다. 대개 세 번 넘치고 세 번 물을 부으면 익는다. 두꺼운 석 거적을 물에 적시어 불 위에 덮어 불기를 끄고 염수를 냉수와 섞어 심심하게 해서 서서히 넣는다. 너무 조급하게 넣으면 두부가 굳어져 좋지 않으므로 서서히 넣는다. 엉기면 보자기로 싸고 그 위를 고르게 눌러 둔다.

타락(駝酪)

유방이 좋은 암소를 송아지에게 젖을 빨려 우유가 나오기 시작할 때, 젖을 씻고 우유를 받는다. 많으면 한 사발 적으면 반 사발 정도 되는데, 체로 세 번 걸러 죽을 끓인다. 끓여 익힌 타락(숙타락)을 오지항아리에 담고 본 타락을 조그만 잔 한 잔을 섞어 따뜻한 곳에 두고 두껍게 덮어둔다. 밤중에 나무 (꼬쟁이)로 찔러 보아 누런 물이 솟아 나오면 그릇을 서늘한 곳에 둔다. 만약 본 타락이 없으면 좋은 탁주를 한 종지 넣어도 된다.

본 타락을 넣을 때 좋은 식초를 같이 조금 넣으면 더욱 좋다.

엿 만들기(飴糖)

멥쌀 1말을 깨끗이 씻어 푹 쪄 익혀 밥을 짓고 뜨거울 때 항아리에 넣는다. 그런 즉시 밥 지은 솥에 깨끗한 물 10사발을 넣고 팔팔 끓여 밥에 붓는다. 가을 엿기름 곱게 가루 낸 것 1되를 냉수에 섞어 항아리에 붓고 나무로 고르게 저어 온돌에 두고 옷가지로 두껍게 덮어둔다. 밥 두 번 지을 때까지 기다려 맛을 보아 달면 좋은 것이고, 약간 시면 질이 낮은 것으로 너무 오래 싸두었기 때문이다. 이것을 천으로 짜서 즙을 솥에 붓고, 약한 불로 여러 번 저어가며 졸인다. 휘젓지 않으면 솥바닥에 눌어붙는다. 색이 황홍색이 되면 쓴다. 밀가루를 반상에 뿌리고 그 위에 엿을 쏟아 놓고 굳기를 기다리고, 당겨서 색이 희게 되면 쓴다.

또 다른 즙저(汁菹又法)

간장 1말, 메주 1말, 기울 8되, 소금 1되 1홉을 함께 섞어 항아리 바닥에 먼저 깔고, 다음에 가지나 오이를 넣고 또 즙장을 넣는다. 즙장은 가지나 오이의 몸체를 저장하는 데만 쓴다. 마분에 묻어두었다가 꺼내 보나 익지 않았으면 다시 이틀 동안 묻어둔다. 익으면 쓴다.

조장법(造醬法)

누런 콩 3말을 깨끗이 씻어 물 3동이와 같이 삶아 콩의 양을 뺀 물의 양이 한 동이가 될 때까지 졸인 후 좋은 간장 3사발을 솥에 붓고 다시 3~4번 끓을 때까지 졸인다. 맛이 싱거우면 소금 1되를 물에 녹여 부어 적당한 간을 맞추고 새지 않는 항아리에 넣어 두고 쓴다. 콩은 기름 소금물과 같이 끓여 밥 먹을 때 먹는다. 또, 누런 콩 5되를 깨끗이 씻어 물 3동이와 함께 졸이는데 물이 한 동이가 될 때까지 졸인다. 간장 1사발을 위의 방법과 같이 부으면 그 맛이 매우 달다. 또, 메주 2말, 물 1동이 반, 소금 2되를 섞어 독에 담고, 3일 동안 고르게 불린다. 맛이 싱거우면 하루 동안 더 달인다. 너무 물러지면 간장이 탁해진다. 이 방법은 여름철에 구더기가 생기기 쉬우므로 반드시 단단히 싸두고 쓴다. 앞의 방법들도 같다.

청근장(菁根醬)

겉껍질을 벗기고 깨끗이 씻은 무 1동이를 무르게 삶고 메주 1말을 곱게 가루내어 소금 1말과 같이 찧어서 독에 담는다. 손가락 굵기의 버드나무 가지로 독 밑바닥까지 10여 개의 구멍을 뚫고 무를 통째로 삶아 메주와 섞어 일상의 방법대로 담가 익혀 갈아서 메주를 만들어도 좋다.

반드시 월초 8일과 23일에 하면 구더기가 생기지 않는다. 마땅히 만평정성수 개일에 하는 것이 좋다.

기화장(其火醬)

7월 그믐에 콩 1말을 깨끗이 씻어 푹쪄서 익히고 기울 2말과 같이 찧어 탄환 크기의 덩어리로 만든다. 이칠일(14일) 동안 재워 지내고 10일간 햇볕에 쬐어 바람에 말린다. 9월이 되면 물 1동이에 소금 7되를 섞어 독에 담고 마분에 묻기를 즙장 만드는 방법과 같이 한다.

전시(全豉)

누런 콩, 검정콩을 가리지 않고 묘시에 물에 담가 진시에 건져내어, 검정콩이 붉은 색이 될 때까지 푹 쪄서 익힌 다음 잠깐 햇볕에 쬐어 김을 뺀다. 시렁을 내고 시렁 위에 다북쑥과 또 빈 섬 자리를 깔고 콩을 펴 넣고 그 위에 매우 두껍게 다북쑥을 덮는다. 이칠일(14일)이 지나면 누런 곰팡이가 나면 좋은 것으로 햇볕에 말려 키질을 한다. 온 콩 1말, 소금 1되, 누룩 3홉, 물 1사발을 섞어 독에 담고 옹기그릇으로 뚜껑을 덮고 진흙을 발라 마분에 묻는다. 이칠일(14일) 일이 지나면 꺼내어 햇볕에 쬐고 저장한다.

봉리군전시방(奉利君全豉方)

7월 그믐 때, 누런 콩 10말을 깨끗이 씻어 물에 담가 하룻밤 재운 후 쪄 익힌다. 열기가 빠지면 시렁을 매고 생 쑥을 두껍게 깐 다음, 빈 가마니를 펴고 박나무 잎, 닥나무 잎, 찐 콩을 차례로 펴 넣는다. 다시 앞의 나뭇잎과 생 쑥으로 두껍게 덮는다. 이칠일(14일)이 지난 후 꺼내어 이슬을 맞히고 바람을 없앤다. 매일 저녁 키질하기를 10일간 한다. 9월 초가 되면 날것은 가려내고 띄워진 것은 독에 담는다. 콩 2말, 소금 1되. 누룩 4홉, 물 1동이를 섞어 독에 담고, 기름종이로 입구를 막고 잡초가 우거진 곳에 독을 놓는다. 뚜껑을 덮고 그 위에 진흙을 바르고 마분 가운데 둔다. 생초로 두껍게 둘러싸고 묻어둔 지 이칠일(14일)이 지나면 꺼내어 햇볕에 말리어 깨끗한 독에 담아 따뜻한 방에 둔다. 바람이 들면 맛이 쓰다.

더덕좌반(山蔘佐飯)

더덕은 겉껍질을 벗기고 찧어 흐르는 물에 담가 두거나, 흐르는 물이 없으면 물을 여러 번 갈아주어 쓴맛이 없도록 하여 쪄 익힌 후, 소금, 간장, 참기름을 섞어 자기 그릇에 담아 하룻밤 재운다. (다음날) 이것을 햇볕에 말리고 후춧가루를 조금 뿌려 다시 담갔다가 말린다. 쓸 때에는 구이로 한다. 여름철에 더욱 좋다.

육면(肉糆)

기름진 고기를 반숙해서 국수처럼 가늘게 썰어 밀가루를 묻혀 된장국에 넣고 여러 번 끓여 낸다.

수장법(水醬法)

20말 들이 독에 메주 1말을 먼저 독 바닥에 깔고 독 반쯤에 다리를 걸고 발을 편다. 다시 메주 7말을 발 위에 얹어 둔다. 물 8동이를 끓이고 끓인 물 1동이에 소금 8되씩 섞어 부어 내린다. 익으면 발위의 장을 들어내고 수장은 새지 않는 항아리에 옮겨 담아 쓴다. 포적즙을 만들기 좋다. 평시에 쓰는 장독에서 간장을 많이 퍼내어 장이 마를 때 수장을 덧 부었다가 퍼 쓰면 더욱 좋다.

삼오주(三午酒)

정월 첫 오(午)일에 멥쌀 5말을 여러 번 씻어 하룻밤 담가둔다. 다음날 아침 다시 씻어 곱게 가루 내어 끓는 물 큰 동이 3동으로 섞어 죽을 만든다. 식으면 가루누룩 3되, 밀가루 3되 함께 섞어 독에 담는다. 두 번째 오(午)일 2일 전에 멥쌀 5말을 여러 번 씻어 하룻밤 재운 후에 다음날 아침에 다시 씻어 곱게 가루 내어 깨끗한 자리를 펴 깔고 덮어둔다. 2번째 오(午)일 이른 아침에 쪄 익혀 개암 크기고 떡을 만들어 자리에 펴둔다. 식으면 먼저의 밑술과 섞어 독에 담는다. 단옷날 열어서 쓴다.

또 다른 삼오주(一法三午酒)

술 빚기 하루 전날 멥쌀 3말을 깨끗이 씻어 가루로 만들어 대나무 체로 거듭 쳐둔다. 정월 첫 오(午)일 새벽에 정화수 3동이와 누룩가루 3되를 함께 독에 넣고 복숭아나무 가지로 휘젓는다. 쌀가루는 익혀 식힌 후 항아리에 넣고 휘젓는다. 두 번째 오(午)일에도 먼저 방법대로 하고, 세 번째 오(午)일에도 역시 먼저 방법대로 한다. 빨리 쓰려면 춥지도 덥지도 않은 따뜻한 곳에 둔다. 빨리 쓰지 않을 때는 서늘한 곳에 두고 익힌다.

오정주(五精酒)

만병을 다스리고 허한 것을 보하여 흰 머리칼을 검게 하며 빠진 이가 나게 한다. 황정 4근, 천문동 3근을 껍질을 없애고 솔잎 6근, 백출 4근, 구기 5근을 썬 것을 섞는다. 물 3섬을 1섬으로 졸이고, 쌀 5말을 여러 번 씻어 곱게 가루 내어 죽을 만든다. 식으면 누룩 7되 5홉, 밀가루 1되 5홉을 함께 합하여 여름철에는 찬 곳에, 겨울철에는 따뜻한 곳에 둔다. 3일 후 멥쌀 10말을 여러 번 씻어 담가 재운 후 통째로 쪄서 먼저의 밑술 독에 넣는다. 익으면 쓴다.

송엽주(松葉酒)

송엽 6말, 물 6말을 2말이 되도록 졸여서 찌꺼기는 버린다. 기름진 멥쌀 1말을 여러 번 씻어 곱게 가루 내어 먼저의 물로 죽을 만든다. 식으면 누룩 1되와 섞어 독에 넣는다. 삼칠일(21) 후에 쓴다. 만병을 다스린다.

포도주(蒲萄酒)

멥쌀 3말을 여러 번 씻어 곱게 가루 내어 죽을 쑨다. 식으면 누룩 7되와 함께 독에 넣는다. 익으면 멥쌀 5말을 여러 번 씻어 통째로 찐다. 식으면 누룩 3되 포도가루 1말과 섞어 먼저의 밑술과 같이 독에 넣는다. 익으면 쓴다. 또 다른 법은, 포도를 짓이겨 놓고 찹쌀 5되로 죽을 쑤고 식으면 녹말가루 3홉과 섞어 독에 넣고 맑아지면 쓴다. 양주자사 자리와 견줄 만하다.

애주(艾酒)

4월 그믐 때, 멥쌀 1말을 여러 번 씻어 곱게 가루 내어 죽을 만든다. 식으면 누룩 1되와 섞어 독에 넣고 단단히 막아 서늘한 곳에 둔다. 5월 초 4일 참쑥 잎을 따서 멥쌀 1말과 함께 섞어 깨끗한 자리를 펴고 여러 번 고르게 편 후, 밤새 이슬을 맞힌다. 단옷날 이른 아침에 먼저 빚은 술과 섞어 손바닥 같은 떡을 만든다. 나무 발을 만들어 독의 허리 부분에 걸쳐 놓고 떡을 발 위에 얹고 공기가 빠지지 않도록 조심해서 단단히 막아 찬 곳에 둔다. 8월 보름께, 막은 것을 열고 나무 발밑의 맑은 즙을 떠낸다. 하루에 세 번 마시면 만병이 낫는다. 멥쌀과 쑥의 많고 적음은 마음대로이고 이것은 대강이다.

황국화주법(黃菊花酒法)

황국은 냄새가 향기롭고 맛이 단 것을 골라 따서 햇볕에 쬐어 말린다. 청주 1말에 국화꽃 3량씩 쓴다. 생명주 주머니에 넣고 술 윗면에서 손가락 하나 떨어진 거리에 매달고 독 입구를 단단히 봉한다. 밤을 지내고 꽃을 들어낸다. 술맛은 향기가 있고 달다. 모든 향기가 있는 꽃은 이런 방법으로 빚으면 된다.

건주법(乾酒法)

찹쌀 5말로 밥을 짓고 좋은 누룩 7근 반, 부자 5개, 생 오두 5개, 생강 또는 건강, 계피, 총산 각 5냥씩을 섞어 모두 같이 찧어 가루로 만들어 일상의 방법대로 술을 빚는다. 입구를 막은 지 7일이면 술이 된다. 눌러 짠 술지게미는 꿀과 섞어 달걀 크기의 덩어리를 만들어 1말의 물에 넣으면 맛 좋은 술이 된다. 춘추 만들 때 만들면 더욱 좋다.

지황주(地黃酒)

굵은 지황 썬 것과 콩 1말을 찧어 부수고, 찹쌀 5되를 푹 익혀 밥을 짓고, 누룩은 큰 1되, 이 세 가지를 소래기에 넣고 잘 주물러서 새지 않는 자기 항아리에 넣고 진흙으로 막는다. 봄·여름철에는 삼칠일(21), 가을·겨울철에는 오칠일(35)이 되어 날이 차면 열면 1잔 분량의 액체가 있다. 이 액체는 진국이니 의당히 먼저 마시고, 나머지는 천으로 싸서 두고 쓴다. 맛이 조청과 같이 아주 달다. 불과 3일이면 칠과 같이 검게 익으며 우슬즙과 섞어 프레기(된죽)를 끓이면 더욱 좋다. 꺼리는 것을 없애고 백발을 없앤다.

예주(醴酒)

정월 상순에 찹쌀 5말을 여러 번 씻어 한 이틀 물에 담갔다가 다시 씻어 곱게 가루 내고 끓는 물을 쌀 1말에 2사발씩 10사발을 섞어 죽을 만든다. 식으면 누룩 2말을 섞어 독에 담아 단단히 막고 차지도 덥지도 않은 곳에 둔다. 얼지 않도록 주의해야 하며 얼면 맛이 없게 된다. 3월이 되어 복숭아꽃 필 무렵 다시 찹쌀 2말과 멥쌀 8말을 먼저와 같이 깨끗이 씻어 통째로 익혀 먼저의 밑술과 함께 독에 담는다. 단오 때 쓴다. 다시 찔 때 뿌리는 물은 1말을 넘지 않아야 한다. 많으면 맛이 엷어진다.

황금주(黃金酒)

멥쌀 2되를 여러 번 씻어 하룻밤 물에 불려 곱게 가루 내어 물 1말로 술 거리를 만들고 (혹은 죽을 만든다고 한다.) 식으면 누룩 1되와 섞어 빚는다. 겨울에는 7일, 여름에는 3일, 봄·가을 5일 후 찹쌀 1말을 여러 번 씻어 통째로 찐다. 식으면 밑술과 섞고 이칠일(14일) 후에 쓴다.

세신주(細辛酒)

멥쌀 5말을 여러 번 씻어 곱게 가루 내어 끓인 물 10말로 죽을 만든다. 식으면 누룩 1말과 섞어 독에 담는다. 춘추 5일, 여름 4일, 겨울 7일 후, 멥쌀 10말을 여러 번 씻어 미리 3일간 물에 담그는데 아침저녁으로 물을 갈아주며 불린 후 통째로 찐다. 물 5말을 뿌려가며 밥을 거듭 쪄 푹 익힌다. 식으면 누룩 5되를 섞어 먼저의 밑술과 함께 독에 담고 익으면 쓴다.

아황주(鵝黃酒)

멥쌀, 찹쌀 각 1말 5되를 여러 번 씻어 곱게 가루 내어 끓인 물 4말로 죽을 만든다. 식으면 누룩 1말을 섞어 독에 담는다. 7일을 채워 멥쌀 4말을 여러 번 씻어 곱게 가루 내어 끓인 물 5말로 죽을 만든다. 식으면 누룩 5되와 섞어 먼저의 밑술에 덧 빚어 독에 담는다. 또, 7일을 채워 멥쌀 5말을 여러 번 씻어 곱게 가루 내어 끓인 물 6말로 죽을 만들고 식으면 먼저 밑술을 꺼내어 누룩 없이 섞어 넣는다. 맑게 익으면 쓴다. 시절을 타지 않으나, 봄·가을이 더욱 좋다.

도화주(桃花酒)

6월 유두일에 누룩을 만들어 술을 빚을 수 있으며 이 누룩으로 빚어 명주가 된다. 절반의 술을 빚으려면 이 술 빚는 방법에서 쌀, 누룩, 밀가루의 양을 고르게 줄이면 된다. 정월 진일에 찹쌀 3되와 멥쌀 6되를 여러 번 씻어 곱게 가루 내어 함께 죽을 끓인다. 매우 차게 식혀 6월 유두일에 만든 가루 누룩 2되, 밀가루 2되(1되를 더해도 잘된다)를 함께 섞어 독에 넣고 동쪽으로 난 복숭아 나뭇가지로 휘젓는다. 2월에 야당화 잎이 처음 새싹이 틀 때, 멥쌀 5말을 여러 번 씻어 물에 담가 하룻밤 재워 통째로 쪄 물 5말에 적시어 아주 차게 식히어 먼저의 밑술 위에 넣는다. 조용히 익기를 기다려 멥쌀 4말을 여러 번 씻어 하룻밤에 불려 쪄 익혀 물 4말과 섞어 먼저와 같이 밑술 위에 덧 붓는다. 익으면 떠서 쓴다. 오래두고 쓰려면 먼저와 같이 일상 술 빚는 방법으로 계속 빚으면 무더운 여름에도 무방하며 색이 맑고 맛은 독하다. 청주를 한 번 떠냈을 때, 탁해지면 찹쌀을 하룻밤 물에 담가 죽을 만들어 아주 차게 식혀 누룩과 섞어 밑술 위에 덧 붓는다. 맑아지면 쓰는데, 역시 좋다. 모든 그릇은 냉수로 헹구는 것을 삼간다.

경장주(瓊漿酒)

멥쌀 1말을 여러 번 씻어 쪄 익히고, 찹쌀 1말을 여러 번 씻어 곱게 가루 내어 죽을 만들어 서로 섞는다. 식으면 누룩 1말을 섞어 독에 담는다. 3일이 차면 멥쌀 2말을 깨끗이 씻어 쪄 익히고, 찹쌀 2말을 씻고 가루 내어 죽을 만들어 누룩 2되와 서로 섞는다. 식으면 먼저의 밑술과 섞어 독에 넣는다. 7일 후면 그 맛과 색이 이루 말할 수 없이 좋다. 이는 서왕모가 백운가를 불러 멀리 있는 마을을 놀라게 했다는 술이다.

칠두오승주(七斗五升酒)

또는 도잠(陶酒)이라고 불린다. 멥쌀 7말 5되를 물 9말, 누룩 9되(를 준비한다.) 멥쌀 1말 5되를 여러 번 씻어 가루 내어 되게 찌고, 물 2말을 팔팔 끓여 뜨거울 때 서로 섞어 죽을 만든다. 식으면 좋은 누룩 2되와 섞어 독에 담는다. 4~5일 후, 멥쌀 2말을 먼저와 같이 씻어 가루 내어 쪄 끓인 물 2말 5되로 죽을 만든다. 식으면 고운 누룩 2되 5홉을 섞어 술독에 덧 빚는다. 술이 4~5일이 지나면 멥쌀 4말을 여러 번 씻어 통째로 쪄 물 4말 5되를 끓여 섞고, 식으면 누룩 4되 5홉과 섞어 먼저의 밑술에 덧 빚는다. 익으면 거른다.

오두오승주(五斗五升酒)

씻고 가루 내어 찐 죽이 식으면 누룩과 섞는데 차수에 따르는 날수는 앞의 방법과 같고, 쌀, 물, 누룩의 양은 다음과 같다.

1차 멥쌀 1말(가루 낸 것), 끓인 물 1말 3되, 누룩가루 1되 3홉
2차 멥쌀 1말(가루 낸 것), 끓인 물 1말 7되, 누룩가루 1되 7홉
3차 멥쌀 3말(가루 낸 것), 끓인 물 3말 5되, 누룩가루 3되 5홉

백화주(百花酒)

정월 안에 멥쌀 5말을 여러 번 씻어 가루로 만들어 푹 찐 후 끓인 물 7말로 죽을 만든다. 식으면 누룩가루 7되와 함께 섞어 차지도 덥지도 않은 곳에 둔다. 백화가 가득 필 때 찹쌀 5말과 멥쌀 10말을 여러 번 씻어 푹 찌고, 끓인 물 13말, 좋은 누룩 3되와 섞어 먼저의 밑술에 덧 빚는다. 단오 시에 열어 쓴다. 여기에 쓰이는 그릇은 끓인 물로 씻어야 하며 생수는 피해야 한다.

향료방(香醪方)

멥쌀 5말을 여러 번 씻어 3일간 물에 담갔다가 곱게 가루 내어 쪄 익혀 끓인 물 7말과 섞는다. 식으면 누룩가루 7되, 밀가루 3되와 섞어 술을 빚어 꼭 막는다. 멥쌀 10말을 여러 번 씻어 3일간 물에 담갔다가 통째로 쪄 익히고, 물 8말, 누룩 가루 5되를 써서 먼저의 밑술과 섞어 덧 빚는다.

전약법(煎藥法)

청밀, 아교 각 3사발, 대추 1사발, 후추와 정향 1냥반, 건강(乾薑) 5냥, 계피 3냥을 섞어 일상의 방법대로 졸인다.

생강정과(生薑正果)

생강을 껍질을 벗기고 얇게 썰어 꿀물에 오래 졸인 다음 물을 없애고 다시 완전한 꿀과 섞어 졸인 후 저장하고 쓴다.

장육법(藏肉法)

삶은 쇠고기를 다시 소금물에 잠깐 동안 푹 삶아 익히고 식기를 기다려 독에 재워 넣으면 오래 지나도 상하지 않는다.

습면법(濕麵法)

녹말은 희고 좋은 것을 골라 쓴다, 솥의 끓는 물에 바가지를 넣어 끓이다가, 뜨거운 바가지를 꺼내어 끓는 물 2되를 담는다. 아직 뜨거울 때 녹두가루 2~3홉을 넣고 꺾은 나뭇가지 2개로 여러 번 휘젓는다. 끈적끈적하게 되면 끓는 물을 더 넣고 묽으면 녹두가루를 더 넣어 풀죽이 나뭇가지를 타고 흐름이 끊어지지 않게 된 후에 녹두가루 5되를 더 섞는다. 그 농도가 진꿀같이 되면 새끼 손가락 굵기의 구멍 세 개가 뚫린 바가지를 한 손에 들고 세 손가락으로 구멍을 막은 다음 (앞의)녹두가루 섞은 물을 솥의 끓는 물에 흐르게 하면서 한 손으로 바가지를 (탁탁)두드린다. 바가지가 높을수록 면발은 가늘어진다. 나뭇가지로 솥 안의 국수를 휘저어 건져 쓰면 된다. 국수의 좋고 나쁨은 풀죽이 날것이냐, 잘 익었느냐, 되냐, 묽으냐에 달린 것으로 생각된다.

모점이법(毛粘伊法)

날가지를 4쪽으로 쪼개어 참기름을 두르고 지져낸 후 간장, 초, 마늘즙에 담가 쓰면 수년이 경과해도 맛이 새롭다. 또 날가지를 앞에서와 같이 4쪽으로 쪼개어 간장에 참기름을 섞어 지져낸 후 초와 마늘즙에 넣고 써도 된다.

서여탕법(薯蕷湯法)

기름진 고기를 밤톨 크기로 썰어 뜨거운 솥에 참기름을 흥건히 두르고 볶은 다음, 엿물(흑탕수)을 붓고 끓여 익힌다. 또 마는 껍질을 벗기고 잘게 썰어 끓는 탕에 넣고 잠시 더 끓인 후 달걀을 많게는 7~8개, 적게는 4~5개를 깨 넣어 끓인다.

전어탕법(煎魚湯法)

참기름을 두른 뜨거운 솥에 민물고기 크고 작은 것을 가리지 않고 넣어 볶은 후, 끓인 장국물에 물고기 볶은 것을 넣고 다시 끓이면 된다. 또 민물고기를 장국물에 잠깐 끓인 다음 껍질 벗긴 마를 잘게 썰어 넣고 다시 달걀을 깨 넣고 끓여 먹는다.

전계아법(煎鷄兒法)

영계 한 마리를 털을 뽑고 사지를 나누어 씻어 피를 없앤다. 솥에 참기름 2홉을 두르고 닭고기를 볶는다. 익으면 청주 1홉, 좋은 초 1숟가락, 맑은 물 1사발을 간장 1홉과 섞어 그 솥에 넣고 한 사발이 될 때까지 졸인다. 잘게 다진 생파, 형개, 후추, 천초가루를 쳐서 먹는다.

향과저(香苽菹)

어린 오이 큰 것을 골라 물로 씻지 말고 수건으로 닦아 잠시 햇볕을 쪼인다. 칼로 위, 아래를 잘라내고 세 가닥으로 쪼갠다. 생강, 마늘, 후추, 향유유(목이버섯기름) 한술, 간장 한술을 섞어 지져서 오이 쪼갠 곳에 넣는다. 새지 않는 항아리를 물기 없이 바짝 말려 오이를 담고, 또 기름을 섞어 졸인 간장을 뜨거울 때 항아리에 붓고 다음날 쓴다.

겨울나는 갓 김치(過冬芥菜沈法)

동아와 순무 및 순무줄기는 껍질을 벗기고 한 채 같은 크기로 썰어서 새지 않는 독에 담는다. (담을 때 소금을 살짝)뿌리고 다음 채소를 독의 아래부터 먼저와 같이 채워 가득 채운다. 매번 채소를 넣을 때마다 (참기름을) 적당히 넣고 겨잣가루를 거친 체로 쳐서 넣는다. 또 가지를 쪼개서 같이 담가도 된다.

분탕(粉湯)

참기름 1되, 흰파 썬 것 1되를 같이 볶고 청장 1되를 탄 물 1동이를 준비하여 이 네 가지를 함께 섞어 먼저 묽은 탕을 만든다. 탕을 부어 쓸 때 찌고 싱거운 것은 맛을 보고 간을 맞춘다. 기름진 고기를 초미처럼 썰고 황색과 백색 두 가지 색으로 물들인 녹두묵은 국수처럼 길게 썬다. 생오이나 물미나리, 도라지는 1치 정도로 썰어서 녹두가루를 입혀 끓는 물에 데쳐낸 후 위의 것들과 함께 탕에 넣어 쓴다. 탕을 만들 때에는 고기가 많을수록 맛이 좋다.

삼하탕(三下湯)

기름진 고기와 후추, 그리고 흰파 잘게 썬 것을 간된장과 고루 섞어 개암 크기의 알갱이를 만든다. 새알 같은 변시를 참기름에 지지고, 기자면도 같이 지진다. 또 위의 여러 가지 맛이 나는 것을 같이 참기름에 지져 탕을 부어 쓴다.

황탕(黃湯)

노랗게 물들인 밥을 지어 놓고 갈빗살을 편으로 얇게 떠서 맹물에 끓인다. 다시 고기와 파, 후추, 세 가지를 고루 섞어 새알 같은 완자를 만들고 녹두가루를 묻혀 뜨거운 물에 끓여 낸다. 생강은 팥처럼 썰고, 잣, 개암, 그리고 앞의 황반과 갈빗살 고기완자와 함께 6가지 맛의 재료를 넣어 탕을 끓여 쓴다.

삼색어알탕(三色魚兒湯)

은어, 숭어의 새끼를 구해 껍질을 벗기고 녹말가루가 잘 묻도록 칼자루로 고루 두드려 녹두가루를 입혀 뜨거운 물에 삶아 냉수 중에서 건져 내어 식혀 수병모양으로 썬다. 또 이 생선을 가늘게 썰어서 녹말, 후추, 호향, 흰파를 섞고 된장과 고루 섞어 새알같이 완자를 만든다. 대하는 껍질을 벗겨 마리마다 두 쪽으로 갈라 편을 만들고, 삼색으로 만든 녹두(묵)은 수병모양으로 썰어 탕을 부어 쓴다.

조곡법(造麴法)

6월 첫 인(寅)일에 녹두를 껍질을 벗기고 곱게 가루 내어 묽은 죽과 같은 즙을 만들어 밀기울과 섞어 둥근 누룩 덩어리를 만든다. 누룩 덩이마다 닥나무 잎으로 두껍게 싸고 따로따로 종이로 싸서 단단히 묶어 처마 밑에 매달아 띄운다. 띄워지면 볕에 말려 쓴다. 녹두 3말에 밀기울 4말의 비율이 예이다.

전곽법(煎藿法)

정갈한 잣을 곱게 갈아 식초와 섞은 후 다시마에 발라 불에 지져 쓴다.

다식법(茶食法)

밀가루 1말, 좋은 꿀 1되, 참기름 2홉, 청주 작은 잔으로 3잔을 고루 섞어 안반 위에서 한 덩어리로 주물로 만든다. 이것을 적당히 작은(덩어리)로 떼어내어 여러 모양의 틀에 찍어 낸 후 쟁개비 밑에 숯불을 피고 굽는다. 잠깐 있다 뚜껑을 열어 보아 그 색이(노리끼리하게 말라 있으면) 익은 것이니 꺼내어 쓴다.

찾아보기

참고문헌

『한국고식문헌집성 고조리서(1)』

이성우 편저, 수학사, 1992

『한국음식대관 제1권 한국음식의 개관』

한국문화재보호재단, 1997

『수운잡방 · 주찬』

윤숙경 편역, 신광출판사, 1998

저자와의
합의하에
인지첩부
생략

수운잡방

2006년 10월 25일 초 판 1쇄 발행
2013년 11월 25일 초 판 2쇄 발행
2020년 1월 10일 개정판 1쇄 발행
2023년 5월 30일 개정판 2쇄 발행

지은이 김 유
엮은이 윤숙자
펴낸이 진욱상
펴낸곳 백산출판사
교 정 박시내
본문디자인 편집부
표지디자인 오정은

등 록 1974년 1월 9일 제406-1974-000001호
주 소 경기도 파주시 회동길 370(백산빌딩 3층)
전 화 02-914-1621(代)
팩 스 031-955-9911
이메일 edit@ibaeksan.kr
홈페이지 www.ibaeksan.kr

ISBN 979-11-5763-733-1 93590
값 25,000원